博碩文化

Pattern Hatching
揭開設計模式的秘辛

John Vlissides

PATTERN HATCHING
Design Patterns Applied

JOHN VLISSIDES
Foreword by James O. Coplien

SOFTWARE PATTERNS SERIES

設計模式 第 $1\frac{3}{4}$ 版

John Vlissides 著

葛子昂 譯

博碩文化 陳錦輝 審校

揭開設計模式的秘辛 —— 設計模式　第 1¾ 版

作　　者：John Vlissides
譯　　者：葛子昂
審　　校：陳錦輝
責任編輯：魏聲圩
企劃主編：陳錦輝

發 行 人：詹亢戎
董 事 長：蔡金崑
顧　　問：鍾英明
總 經 理：古成泉
總 編 輯：陳錦輝

版　　次：西元 2017 年 3 月初版
出　　版：博碩文化股份有限公司
地　　址：221 新北市汐止區新台五路一段 112 號 10 樓 A 棟
　　　　　電話：(02) 2696-2869　　　傳真：(02) 2696-2867
I S B N　：978-986-434-189-4 (平裝)
博碩書號：MP11602
建議售售價：新台幣 390 元
法律顧問：鳴權法律事務所　陳曉鳴律師

國家圖書館出版品預行編目資料

揭開設計模式的秘辛 —— 設計模式　第 1¾ 版 / John
Vlissides 著；葛子昂譯. -- 初版. -- 新北市：博碩文化,
2017.02
　　面；　　公分
譯自：Pattern hatching : design patterns applied
ISBN 978-986-434-189-4(平裝)

1.電腦程式設計　2.軟體研發

312.2　　　　　　　　　　　　　　　106001307

Printed in Taiwan

商標聲明

本書所引用之商標、產品名稱分屬各公司所有，本書引用純屬介紹之用，並無任何侵害之意。

有權擔保責任聲明

雖然作者與出版社已全力編輯與製作本書，唯不擔保本書及其所附媒體無任何瑕疵；亦不為使用本書而引起之衍生利益損毀或意外損毀之損失擔保責任。即使本公司先前已被告之前述損毀之發生。本公司依本書所負之責任，僅限於台端對本書所付之實際價款。

著作權聲明

Authorized translation from the English language edition, entitled PATTERN HATCHING: DESIGN PATTERNS APPLIED, 1st Edition, 9780201432930 by VLISSIDES, JOHN, published by Pearson Education, Inc, publishing as Addison-Wesley Professional, Copyright © 1998
All rights reserved. No part of this book may be reproduced or transmitted in any form or by any means, electronic or mechanical, including photocopying, recording or by any information storage retrieval system, without permission from Pearson Education, Inc.CHINESE TRADITIONAL language edition published by DRMASTER PRESS CO LTD, Copyright © 2017.

本書繁體中文版權為博碩文化股份有限公司所有，並受國際著作權法保護，未經授權任意拷貝、引用、翻印，均屬違法。

關於中文書名

本書英文書名為《*Pattern Hatching: Design Patterns Applied*》，按字面來翻譯，就是「模式的孵化：應用設計模式」，然而我們卻不打算這樣命名。

這本書的作者是 John Vlissides，當您拿起這本書時，您會覺得這位作者好像很熟悉，但又不能肯定。沒錯，他正是名著 Gang of Four 的《*Design Patterns: Elements of Reusable Object-Oriented Software*》四位作者之一，或許是因為作者過多的緣故，所以大家比較難以記憶，這四位作者正是 *Erich Gamma, Richard Helm, Ralph Johnson, John Vlissides*，請注意「姓」的排列，John Vlissides 或許是在這裡吃虧了，但看過本書之後，您會發現，John Vlissides 在 GoF 的《*Design Patterns*》之中的貢獻可不少。

如果您到 amazon 搜尋 John Vlissides 的著作，會發現除了 GoF 的《*Design Patterns*》之外，就只有這一本，所以這本書可以算是 John Vlissides 的「新作品」，但如果沒有意外，這也是最後一本著作了。因為 John Vlissides 已經英年早逝很多年了，過世時才 44 歲，真是軟體業界的一大損失。

在本書原文書出版的那個年代，台灣的軟體業界還屬於萌芽階段，聽過「設計模式」的人寥寥可數，更不用說「設計模式」精通者，至於當年出版社的敏感度更是別提了（GoF 那本是台灣培生翻譯的），也因此這本書始終沒有中文版。不過到了這個年代，設計模式已經成為一位程式設計專業人士不可或缺的一項技能，因此，我們認為時機成熟了，是時候該讓大師遺作的中文版面世了。

本書內容除了釐清大家對於設計模式的誤解，還實際示範了如何在一個簡單的應用（檔案系統的開發）中使用各種設計模式來逐步解決問題，當中使用了多達五種模式，將設計模式運用得出神入化，不愧是模式的發明人之一。此外，本書還介紹了 GoF《*Design Patterns*》沒有介紹的 GENERATION GAP 模式與發

展中的 TYPED MESSAGE 模式，最後則是介紹開發模式的七項建議。由於本書加入了一些模式，而作者也希望將之納入為 GoF《*Design Patterns*》第二版的內容，無奈作者英年早逝，要完成這項工作已經不可能了，因此，本書副標大膽的使用《設計模式 第1¾版》來命名。這是因為發展中的 TYPED MESSAGE 模式在發展初期時，發展的是 MULTICAST 模式，並且只取得了四位作者當中三位的同意而已，至於 GENERATION GAP 模式則較為單純。事實上，這個書名也可以看作是《設計模式 23+1¾》。

在說明 TYPED MESSAGE 模式的章節中，作者用對話的方式呈現了模式開發過程中所經歷的混亂，因此，我們決定將本書主標命名為《揭開設計模式的秘辛》，希望您能喜歡這個書名，也期望作者不會反對這個書名，不然我可能會被託夢了。

最後提醒您，閱讀本書，手邊一定要有一本 GoF 的《*Design Patterns: Elements of Reusable Object-Oriented Software*》作為參考書，因為當中有許多內容會提到該書的頁碼，如果您擁有的是葉秉哲翻譯的中文繁體版，那也沒關係，因為該書有英文的對應頁碼。

本書毫無疑問必須列入博碩文化的「名家名著」系列，除了作者是大師之外，這本書一點也不遜色於《*Design Patterns: Elements of Reusable Object-Oriented Software*》名著，至於編號 13 號並不是因為作者已經過世，純粹只是編號順序的巧合罷了（當然您也可以認為這是冥冥之中的安排）。

博碩文化　總編輯　　陳錦輝

推薦序

John 寫信告訴我,他打算為《*C++ Report*》雜誌撰寫模式專欄,他的這個決定填補了我生命中的一個空白。具體來說,他一年填補了大概 5 個空白——那時我正在撰寫一個關於模式的專欄,每兩個月一期,Stan Lippman 建議我和 John 輪流撰寫。John 主要關注於設計模式,而我在專欄中持續把重點放在更為廣泛的主題。我們倆搭檔把設計模式介紹給 C++ 族群,對此我感到興奮。不僅如此,我也喜歡 John 介紹這個主題的方式。我在給他的信中寫到:

> **hatching**(孵化)的比喻不僅討人喜歡,而且很有道理。我剛剛又閱讀了 Alexander 的《*Notes on Synthesis*》第 2 版的前言,顯然他認為對那些潛藏在自然中的事物,我們應該去挖掘和發現它們,而不是關注創造它們的「方法」,甚或是從其璀璨的裂縫中窺探它們。

能夠與 GoF(模式四人組)之一共同寫專欄,我不僅感到高興,更感到榮幸。如果沒有 GoF 的《設計模式》一書,讀者也許都不曾聽說過模式。透過對模式的介紹,該書成為了這個全新科目的極佳教材。GoF 的 23 個設計模式奠定了一個不大但卻非凡的基礎,並發展壯大成為我們今天知道的模式族群。而憑藉本書讀者可以直接深入瞭解 GoF 作者之一 John 的思考過程,並對同樣多方的開發過程有一些間接的瞭解。

為了總結出一個好模式,突破一些局限在所難免,就像小雞破殼而出,而 John 的專欄對那些在《設計模式》背後發生的「破殼」對話進行了探索。例如,John 在類別結構不斷演變的情況下,對 Visitor 的限制進行了探索。他還談論了一些模式,例如 GENERATION GAP(見本書的第 3 章)。這些模式未能被收錄到《設計模式》中,但它們可能已經足夠好了,值得公諸於世。讀者會發現 GoF 關於 MULTICAST 模式的對話,這段對話讓 John 陷入沉思:「一旦瞭解我們在模式開發過程中所經歷的混亂,那些認為 GoF 具備非凡能力的人一定會感到震驚。」本書傳達了一個重要的事實,它沒有出現在更為學術化和更加完善的《設

計模式》一書中：模式源自一群認真努力的程式設計師，雖然他們不可能每次一開始就把事情都做對，但他們努力讓那些重複出現的設計技巧變得實用。我認為閱讀本書的模式使用者將會感謝 GoF 為他們的模式而付出的心血，我還認為閱讀本書的模式撰寫者，在今後發掘和編寫模式時會比以往更加謙遜和勤勉。

亂中求序是自然科學的主旋律，那麼，我們不該認為設計的科學會有任何不同之處。模式是人們在工作中共同發現一些改善人們生活的元素，並將它們加以記錄的整個過程，這不可避免是個有機過程。貫穿本書，讀者將得以洞察各個模式背後的有機過程，得以瞭解一般（但非常有經驗而且非常盡職的）軟體開發人員在努力形成自己對設計理解時的思考過程。《設計模式》是對他們集體理解的提煉，而本書是對於他們產生理解的過程的提煉，我們不可低估它在解釋 GoF 模式方面所帶來的價值。請允許我引用一封我在 1997 年晚些時候收到的來自 Richard Helm 的信，我相信它進一步證實了這一點。

> GoF 的設計模式只解決了微觀架構（micro-architecture）。你仍然必須把宏觀架構（macro-architecture）設計好：分層、分佈、功能隔離⋯⋯。而且就像 Cope 說的，你仍然必須把奈米架構（nano-architecture）設計好：封裝、里氏替換原則⋯⋯。在某個地方，你也許會用到一個模式，也許用不上。即使用上了，也可能和某本書的介紹和描述很不一樣。

這本書將幫助你理解如何將《設計模式》—— 其實是任何關於設計模式的書籍 —— 當作一本珍貴的指南，而不是一些累贅的規定。它可以幫助你在更廣闊的物件導向設計的基本原則下，將設計模式運用到合適的地方。它道出了雖然不正式但卻嚴格的標準和緊張的迭代過程，《設計模式》中的 23 個模式正是基於這樣的標準，經歷了這樣的迭代過程產生的。知道有這樣的過程，以及這樣的過程如何發生，讓人感到釋然，因為它把模式帶回到更講究實用的日常工作中。我認為這將有助於讀者認識到必須根據手頭的問題對模式進行調整，有助於讀者加入自己的思考而不僅僅是盲目地遵循「某本書說過的」教條。我不認為計算機科學家會喜歡這本書，但現實的程式設計師會反覆玩味、獲得共鳴，並高度欣賞它。

James O. Coplien 朗訊科技公司 貝爾實驗室

譯者序

我接下本書翻譯工作的時候，正值《Windows 核心程式設計（第 5 版）》翻譯完成，中文版新書上架後沒多久。翻譯《Windows 核心程式設計（第 5 版）》耗時 9 個多月，這是與另外兩位譯者一起合作完成的一本 700 多頁的厚重書籍。這項工作讓我感覺有些疲憊，原本想好好歇一歇，不料卻邂逅此書。

最終，我無法拒絕，接下了本書的翻譯工作，主要出於兩方面的原因。首先，身為一名設計模式的擁護者和實踐者，我非常高興看到另一本與設計模式有關的重要著作在問世 10 多年後即將在國內出版，同時也希望自己能夠為國內的設計模式族群盡一份綿薄之力。其次，本書的英文原文書不到 200 頁，在翻譯了《.NET 設計規範》和《Windows 核心程式設計（第 5 版）》兩本譯作之後，我滿懷信心地認為自己應該可以很快完成。

事實很快證明我錯估了本書的翻譯工作，而且錯得不輕。本書雖然短小，但卻當之無愧地是我翻譯過最難的技術書籍，以致於開工後不久我便不得不向出版社告急，要求對原先的翻譯進度和出版計劃進行調整。這本不足 200 頁的書最終花了我將近半年的時間才完成，這遠遠超出了我的預期。出版社的編輯進度同樣反映了本書的難度，譯稿在上半年就已交付給出版社進行編輯，但最終出版上架卻要到隔年初，其難度可見一斑。

正是由於這個原因，最初交付的中文版譯稿並未完全達到我希望的流暢程度。對我來說，雖然我盡量追求譯文的準確和流暢，但當兩者不能兼得時，我會犧牲語言的流暢來保證內容的準確。在此我要感謝本書編輯群的編輯和潤飾使得本書變得更加流暢。即便如此，書中難免還會存在一些生澀的字句和不夠流暢的地方，甚至是錯誤之處。作為譯者，我對此負有全部責任。

我要感謝我的同事吳宇進、田超和張險峰,是他們在繁忙的工作之餘審閱譯稿,提出了許多寶貴的意見和建議,進而使得本書的品質更上一層樓。最後,我要感謝我的妻兒,他們的支持和鼓勵,是我前進的動力。

本書不僅透過一些通俗易懂的實例對如何運用設計模式進行了深入的講解,而且還介紹了一些新的設計模式。但與其他的設計模式書籍相比,本書的獨特之處在於向讀者揭開了模式開發的神秘面紗,讓讀者瞭解模式背後鮮為人知的一些故事,並領略其中的苦與樂。我滿懷著激動和忐忑,將這本設計模式領域的重要著作的中文版呈現給國內廣大讀者。希望本書能夠幫助你們理解和運用設計模式,甚至有朝一日編寫出自己的模式!

葛子昂

審校序

審校這本書並不容易，所幸翻譯品質不錯，但我仍抱持著戒慎恐懼的心情進行審校工作，一方面因為這是大師的著作，另一方面是因為本書可說是 GoF 名著《*Design Patterns: Elements of Reusable Object-Oriented Software*》的延續版本，它揭露了該書不為人知的一面，並且多加了一些模式以及模式的應用。

我曾聽一位台灣軟體工程的專家說過，他曾經嘗試著開發一個模式，但後來發現真的不容易，因此，審校這本書的新模式時，我盡可能以自身的經驗，加上在網路尋找相關資料來理解這本書。畢竟這些模式是 John Vlissides 大師留給後世的遺作，他不會再為我們開發任何模式了。

以本書提供的完整新模式 GENERATION GAP 為例，作者明確告知「命名」是模式重點之一，就讓我從 GENERATION GAP 的名稱開始理解這個模式吧，首先，我預測該模式有幾種可能，在逐步閱讀內容的過程中，我捨棄了幾個可能性，最終留下一個我稱之為「開發工具的版本相容性」模式，舉例來說，Visual Studio 每隔一兩年就會更版一次，但微軟必須保證使用者在舊版開發的程式必須在新版本中可以執行，換句話說，使用者開發的程式將會是舊版本時代與新版本時代之間的間隔時間寫成的。Visual Studio 套用了與 GENERATION GAP 極為類似的設計技巧，有過使用這類開發環境的人都知道，Visual C#的 IDE（Visual Studio）將全部的軟體程式碼分為兩部分，以兩個檔案來存放，一個是工具產生的 Form.designer.cs（保存介面程式碼），使用者不應該去動它，另一個則是故意留給使用者的 Form.cs，使用者應該在該檔案中撰寫自己的程式碼。Visual Studio 保證在軟體更新之後，修改的只會是第一個檔案的內容，不會去修改到第二個檔案內容（使用者建立的內容），並且保證兩者合併之後，使用者建立的程式碼仍舊可以執行。

看起來，套用 GENERATION GAP 之類的設計模式，提供使用者一個安心的環境好似理所當然，但我在此提供兩個反例（當然嚴格來說，這兩個反例剛好符合 3.4.5 節 —— 效果，當中第三點提到的語法或語義不相容）。

如果您曾經使用 XCode 開發 iOS App，您會發現在改朝換代之後，想要讓舊的使用者程式碼在新版軟體中能夠執行居然是個奢望。頂多，您只能選擇以過往版本來編譯您的 Swift 程式碼，無法以新版本來編譯它。好吧，或許你會說這是因為 Swift 如同其他軟體，在 3.0 之前本來不會穩定。

那麼我必須提出另一個例子，這是我在審校一本 Excel VBA 遇到的例子，有一位作者，從 Excel 2000 就開始開發 VBA 程式並將之整理成冊，當軟體升級後，他就將書籍改版，不過，他並沒有將每個範例用新版軟體測試過，我在幫忙測試時遇到了問題，一個 TreeView 與一個 ListView 元件的程式碼在新版軟體 Excel 2016 中無法通過直譯（VBA 採直譯方式執行），查閱了相關文件後，發現是元件預設安裝被取消了，好吧，這個問題也不大，我照著額外安裝了，但還是無法通過直譯，我嘗試著自己在介面中拉一個剛安裝好的 TreeView，然後將程式內容重新一一鍵入，耶~可以直譯了，那麼問題出在哪裡呢？完全相同的程式碼（使用者建立的程式碼），只差了一個「拉元件進入介面」的動作，結果一個可直譯執行，一個無法通過直譯。很明顯，問題出在工具自動產生的程式碼。我猜測，在舊版軟體中，由於 TreeView 是預設安裝在工具箱的，所以工具早已把這類工具箱內包含的控制項元件的程式庫給引入了，所以使用者程式碼在動態產生一個 TreeView 時，不會發生直譯錯誤的問題。而新版軟體雖然可以另外安裝 TreeView 的元件庫，但這些元件庫沒有被自動引入，故而當使用者未曾拉進元件就直接在程式碼動態產生一個 TreeView 時，就會顯示直譯錯誤，因此，解決方法有兩個，第一是使用者另外自行加入引入該控制項元件的程式庫的程式碼，另一個則是在介面中拉出一個該元件，讓工具在拉進元件時，幫您自動加入引入該控制項元件的程式庫的程式碼。我為了方便，選擇了後者，解決了這個 bug。

問題來了，有些工具（尤其是古老的工具）確實將自己產生的程式碼與使用者建立的程式碼混淆在一起，或者即便將之分隔開了，但卻亂改了自己產生的程式碼，而使得使用者建立的程式碼無法在新版本中執行。我真希望，開發工具

者能看看 GENERATION GAP 模式，尤其是講到該模式的目的處，把這項任務認真看待，避免眾多程式開發人員的困擾。事實上，無論我對於 VBA 的猜測是否正確，只要 VBA 開發工具的開發人員在實現 GENERATION GAP 模式時，能夠注意到語法不相容的地方，就不該出現我遇到的狀況了。或者，它至少應該明確地提醒開發者，哪些地方會出現「語法不相容」，讓使用者自行權衡是否要更換為新版的環境。

至於另一個本書未完成的 TYPED MESSAGE 模式，作者很明確地告訴我們，這個模式的由來，以及它的發展歷程，最早它的由來是一個未獲得四人共識的 MULTICAST 模式，是為了解決向下轉型的問題，使用的對象是大家都很熟悉的事件物件 Event，如果您仔細看了那一個章節，再對照今日各種工具提供的事件處理程序的設計，您會深有感觸。

在 MULTICAST 模式的開發過程中，出現了 GoF 四位作者的意見，本書作者身為模式發起人，當然會提出主觀的意見，而這個意見也被 Erich 與 Ralph 接受，並與反對者 Ralph 展開論戰（3 對 1 的論戰），這場論戰非常好看，中途還突然出現了《Clean Code》作者 Bob 大叔的支援，讓我眼睛為之一亮，欣賞這些大師們與偶像之間的對談，確實能加強您對於模式的理解深度。

最終，Erich 提出了一個新名稱「typed message」，而此名稱在某種程度上說服了反對者 Ralph，作者也同意以此名稱進行 TYPED MESSAGE 模式往後的發展，並留下了模式的草稿。很不幸地，作者後來去世了。

但事情就這樣結束了嗎？在本書中，TYPED MESSAGE 模式和最初提到的 MULTICAST 模式有極大的關係，最初的反對者認為應該以 OBSERVER 的變體來看待 MULTICAST 模式即可，而他們四人最終的共識如下：

『把 MULTICAST 中與註冊和傳遞訊息的部分去掉，把那部分內容放到 OBSERVER 中，再把剩下的部分變成 TYPED MESSAGE』

換言之，TYPED MESSAGE ＝ MULTICAST －OBSERVER 是四人在本書的最終認知，也就是說，沒必要提出 MULTICAST 模式，需要提出的新模式是 TYPED MESSAGE，並且應該提及到它與 OBSERVER 模式的合作方式。

由於這本書的原文已經面世很久了，我想要去網路上看看有沒有把 TYPED MESSAGE 模式套用到軟體的真實案例，希望藉由範例來確認我的理解是否正確，結果出人意表地，我找到了一篇論文，標題是「Multicast - Observer ≠ Typed Message」，這擺明了是打臉大師，由於這與本書要表達的模式發展歷程離題了，因此不再累述，僅提供論文的網址如下，如果您對於數學有自信，建議讀者可以去翻一翻，您將對於各個模式之間的關係有更充分的認識。

http://citeseerx.ist.psu.edu/viewdoc/download?doi=10.1.1.36.6353&rep=rep1&type=pdf

前面提到的，是未曾被納入 GoF 23 個模式的部分，而關於 GoF 的 23 個模式，作者也親身示範如何徹底運用，在本書的第二章，光是一個檔案系統問題，作者就有辦法套用了六種模式合作來解決、增強應用程式的功能。您擔心看不懂嗎？不用怕，因為本書的寫作方式是循序漸進的，如同堆積木那樣簡單，仔細讀完第二章，您將能體會到活用模式的妙趣。

如同本書最末章說到的，一個問題可以套用許多的模式一起合作來解決。學習模式要懂得融會貫通，不能一招半式闖江湖，就好比學了 23 個模式，遇到問題如果只會死腦筋想用單一個模式（也不考慮使用模式的變體）來解決所有的問題，那是不可能的。正如第五章所說的「一個模式只為某一個問題類型提供了解決方案，所以它必須和其他模式配合使用」。所以如果遇到問題只會套用一個模式，那麼就好像是在進行武術練習那樣，先套好招，你來一腿，我擋一拳那樣，這在搏擊實戰中是行不通的。要懂得靈活運用（甚至使用模式的變體），如同一個武術高手那樣，才能上得了擂台！

陳錦輝　2017 年 3 月

前　言

我永遠不會忘記 1994 年秋天的那個下午。那天我收到一封來自 Stan Lippman（當時《C++ Report》雜誌的主編）的電子郵件，他邀我為該雜誌撰寫一個專欄，該專欄每兩個月一期。

我們稱得上是老朋友了，早在他參觀 Watson 實驗室的時候我們就認識了。那一次我們簡單地聊了他在開發工具方面所做的工作，以及 GoF 在模式方面所做的工作。與那時大多數人不一樣的是，Stan 熟悉模式的概念──他接連閱讀《設計模式》的一些預覽本，並說了一些令人鼓舞的話。儘管如此，我們的談話很快就轉移到了寫作上。隨著談話的進行，我記得自己愈加炫耀起來，彷彿我已經不是自己了。而 Stan，這位知名的專欄作家，是兩本非常成功的書籍（還有一本即將出版）的作者，卻謙稱自己的寫作只是業餘水平。我不清楚我們的談話是否讓他感到愉快，還是在他的下一個約會之前他一直都耐著性子和我談話（此後我認識到，如果還有什麼能勝過 Stan 的忍耐力，那就是他的真誠！）。

幾個月後我收到他的電子郵件，心情不斷起伏，先前的歉疚感已經不值得一提了。想像著自己為全球的讀者定期撰寫專欄，這既讓我興奮，又讓我恐懼。寫了幾次之後我是否還能繼續？人們是否在乎我寫了什麼？我又應該寫些什麼？我寫的東西對別人是否有幫助？

我在恐懼中沉溺了將近一個小時。然後我想起父親的告誡：局促不安只能使人無所作為。只要關注最根本的東西，其他東西會隨之而來的。「只管去做」（Just do it），他說這句話比 NIKE 要早得多。

於是我就接受了。

選擇專欄主題非常容易。那時我致力於模式的研究已有三年了。我們最近剛完成《設計模式》，但我們都知道它遠遠沒有說完這個話題。專欄會是一個很好的論壇，可以對《設計模式》一書進行解釋，可以對它進行擴展，還可以在新問題出現時展開討論。如果專欄有助於《設計模式》書籍的銷售，那也無妨，只要它立場公正，不亂吹噓。

現在，我的「模式孵化」專欄已經連載了 10 多篇文章了，回過頭看，我的恐懼是沒有道理的。我從來沒有因為要找東西寫而為難，而且寫作時我還樂在其中。我更從世界各地收到了大量令人鼓舞的迴響，包括一些人要求閱讀過去的專欄，而這樣的要求一再出現。後來我想到把我的專欄，以及其他一些尚未發表關於模式的內容，彙編在一起提供給大家。

本書就是要達到這個目的。讀者將在書中找到我前三年專欄寫作生涯當中的思考和想法，其中包括發表在《C++ Report》和《Object Magazine》的所有文章，加上一些零碎的新見解。我按照邏輯的順序來組織內容，而不是發表的時間順序，目的是為了使所有內容能夠像書本一樣連貫。這樣的組織比我想像的要容易一些，因為許多文章既是這個系列的一部分，又是那個系列的一部分，當然這仍然需要耗費大量的精力。我衷心希望讀者能喜歡最終的結果。

致謝

一如既往，我要感謝許多人為我提供各式各樣的幫助。首先最重要的是我的 GoF 成員——Erich Gamma、Richard Helm 以及 Ralph Johnson。他們每一個人都在不同時刻為我提供了寶貴的意見，這些迴響彙集在一起使本書成為一本更加不同（當然是更好）的書籍。我們幾人的互補性強，遇見他們是我三生有幸，我由衷感謝他們。

然而，同樣的幫助也來自其他人。還有許多人花時間研讀草稿，為的是找出不合邏輯的論述、不當的言辭，以及大家都再熟悉不過的筆誤。他們是 Bruce Anderson、Bard Bloom、Frank Buschmann、Jim Coplien、Rey Crisostomo、Wim De Pauw、Kirk Knoernschild、John Lakos、Doug Lea、Bob Martin、Dirk Riehle

以及 Doug Schmidt。特別感謝 Jim，他是我在《*C++ Report*》的拍檔，不僅因為他為本書作序，更因為他是如此多才多藝，總是激勵我奮進。

接下來要感謝的完全是一些陌生人，他們發電子郵件問我問題、提出意見、糾正錯誤，並給予善意的責備。雖然為數眾多，但在這裡我只列出被本書引用話語的人，或者他們的意見與本書直接相關的人：Mark Betz、Laurion Burchall、Chris Clark、Richard Gyger、Michael Hittesdorf、Michael McCosker、Scott Meyers、Tim Peierls、Paul Pelletier、Ranjiv Sharma、David Van Camp、Gerolf Wendland 和 Barbara Zino。雖然還有很多人我沒有提到，但請相信我同樣感謝你們的迴響。

最後，我要感謝兩個家庭，一個是我自己的家人，另一個是和我親如一家的同事，你們對我的支持我無以言表。我欠你們的太多了。

J.V.

vlis@watson.ibm.com

1998 年 1 月於紐約州霍索恩市

目錄

第 1 章

介紹

在閱讀本書之前，如果讀者還沒有聽過一本名叫 GoF 的《設計模式》（*Design Patterns: Elements of Reusable Object-Oriented Software* [GoF95]）的書，那麼現在正好可以去找一本來讀。如果聽說過這本書，甚或自己還有一本但卻從來沒有實際研讀過，那麼現在也正好可以好好研讀一下。

如果你仍然繼續往下閱讀，那麼我會假設你不是上述兩種人。這意味著你對模式有大致的瞭解，特別是對 23 個設計模式有一定的瞭解。你至少需要具備這樣的條件才能夠從本書受益，這是因為它對《設計模式》一書中的內容進行了擴充、更新和改進。如果不熟悉所謂的 GoF 模式——也就是剛才提到的那 23 個設計模式，那麼讀者將很難理解本書的見解。事實上，在閱讀本書時，最好準備一本《設計模式》在身邊以便隨時查閱。我還要假設你熟悉 C++，這樣假設應該很合理，因為我們在《設計模式》一書裡也做了同樣的假設。

現在讓我們來實際檢驗一下，看你是否能用不到 25 個字來描述 COMPOSITE 模式的目的。你可以思考一分鐘。

※　※　小測驗　※　※

在描述 COMPOSITE 模式的目的時，你是不是字字斟酌？如果確實如此，那很好，沒問題。其實你大可不必把這個小測驗看得太嚴肅了，不妨放鬆一點。如果你知道該模式的目的，只是無法準確描述出來，那麼不必擔心——本書同樣適合你。

但如果你的腦袋中完全一片空白，那麼很不幸，我的開場白顯然沒有發揮作用。我建議你放下本書，拿起一本《設計模式》，從第 163 頁[1]開始閱讀，直到讀完「實作」那一節。然後對該書第 xv 頁列出的其他模式，也採取同樣步驟。如此一來，你就可以對背景知識有足夠的瞭解，進而使得本書對你有所幫助。

你可能會想，為什麼本書會取名為《*Pattern Hatching*》？我最初選擇這個名稱，是因為計算機科學中有著類似的概念（此外，與模式有關的好書名都已經被取走了）。但此後，我逐漸體認到它非常適切地表達了我寫作的想法。Hatching 之意並非創造，而是在現有的基礎上進行擴展。它用於此處非常貼切：如果把《設計模式》看成一盒雞蛋，那麼許多新生命將會在這裡破殼而出[2]。

請相信，我並不僅僅是仿效《設計模式》。我的目的是在它的基礎上進行擴展、運用其中的觀念，並使這些觀念對讀者更加有用。本書介紹了一些技巧，來幫助我們決定在不同的情況下，應該使用以及不該使用哪些模式。本書不僅對我們已有的一些模式提出了新的見解，還可以讓讀者見證我們開發新模式的整個過程。本書還提供了大量的設計例子，其中一些是經得起考驗的，另一些則是實驗性質的，或者可說是「半成品」，還有一些完全是主觀推測——很可能是紙上談兵的設計，根本經不起實際的檢驗，但它們也可能會蘊含未來強固設計的種子。

我衷心希望本書能夠加深你對「設計」的領悟，提升你對「設計」的認識，並開闊軟體開發的視野。這些都是我在使用模式時曾有過的經驗，希望它們也能成為你自己的寶貴經歷。

1.1　對模式的十大誤解

這些日子以來，模式引起大家強烈的興趣，同時還伴隨著一些迷惑、詫異和誤解。這在一定程度上顯示出主流軟體開發人員認為這個領域有多麼新鮮，雖然從嚴格意義上來說，它並不是一個新領域。這個領域的快速發展，也造成一些

---

[1] [編者注] 指此書英文版原書頁碼，之後未明確宣稱者，所指頁碼都是指英文版原書頁碼，至於本處的繁體中文版為 185 頁。

[2] 我相信不會有比這個比喻更貼切的了。

需要補足的空間。作為模式的倡導者，我們對此負有一定的責任：我們雖然一直努力讓大家理解和接受模式（[BMR+96、Coplien96、CS95、GoF95、MRB98 和 VCK96]），但是作得並不徹底。

為此，我感覺自己有義務來糾正那些對模式比較明顯的誤解，這些誤解我經常耳聞，甚至可以自成模式了。我甚至還開玩笑地採用模式的形式來描述它們……直到那一刻我幡然醒悟：將任何事物都歸納為模式，這種行為本身就是對模式的一種誤解！無論如何，請記住我並不是代表模式族群在發言。雖然我認為大多數模式專家都會同意這些是對模式最常見的誤解，但就如何消除這些誤解而言，他們的意見可能與我相左。

這些年來，人們對於模式眾說紛紜，令我反覆思考，眾多誤解不過分為三類：一類是『有關模式是什麼』，一類是『有關模式能夠做什麼』，還有一類是『有關一直以來推動模式的族群』。我所列舉的「十大」誤解都可以歸到這三個類別裡。首先來看看『有關模式是什麼』的誤解。

誤解 1：「模式就是在一種場合下，對某個問題的一個解決方案。」

這是 Christopher Alexander 的定義[AIS+77]，因此把它算作一種誤解可能會顯得有些離經叛道。但下面這個反例應該能夠顯露出它的不足。

> 問題：如何在過期之前兌現中獎的彩券？

> 場合：離最後期限只有一小時，一條狗把彩券吃了。

> 解決方案：剖開狗的肚子，取出彩券，然後飛奔到最近的兌現點。

雖然這是在一種場合下，對一個問題的解決方案，但它並不是一個模式。那它缺少了什麼呢？至少需要三樣東西。

1. **再現**（recurrence），這使得該解決方案不僅能夠解決當下的問題，也能夠應用在其他的問題上。

2. 教學（teaching），這讓我們學習到如何去改善解決方案，進而適應問題的變化。（對實際使用的模式來說，與教學有關的大部分內容都包含在對問題的描述、對解決方案的描述以及應用模式後得到的結果當中。）

3. 一個用來代表模式的名稱。

的確，一個令所有人都滿意的定義是很難找到的，從「pattern-discussion」郵件列表（即 patterns-discussion@cs.uiuc.edu[3]）中持續的爭論可略知一二。其中的困難在於，模式既是事物又是對相似事物的描述。區分兩者的一種方法是，統一使用術語來敘述模式，並用模式實例來表示對模式的具體運用。

但是，定義術語可能只會徒勞無功，因為一個定義也許對一部分受眾（如程式設計師）有用，但對另一部分受眾（例如掌管公司財政大權的執行官）卻毫無意義。當然，我也不會嘗試在這裡給出一個最終的定義。我只想說，任何一個模式組成要素的定義，除了要討論問題、解決方案和場合之外，還必須涉及再現、教學以及命名。

誤解 2：「模式只是行話（jargon）、規則、程式設計技巧、資料結構……」

我稱這種誤解為「不以為然」。是的，將不熟悉的事物歸納成已知的事物，對我們來說是一件很自然的事情，尤其是在我們沒有興趣對不熟悉的事物進行深入研究時。再者，用新瓶裝舊酒並號稱創新的事情我們已屢見不鮮了，保持警惕是應該的。

然而，「不以為然」並沒有經驗依據，很多時候它只是基於表面相似性的一種看法，還攙雜了些許的輕視態度。此外，從來沒有什麼東西是全新的，其實自從每個人出生起，各種模式就已經存在於他們的腦子裡了。新的只是我們開始對模式進行命名，並把它們記載下來。

---

[3] 如果想訂閱這個郵件列表，請發郵件到 patterns-discussion-request@cs.uiuc.edu，並用單詞「subscribe」作為郵件的標題（不要加引號）。

來看看上面這句話。事實上的確存在一些模式行話，例如「模式」（pattern）本身、force[4]、Alexander 的 quality without a name（無名特質）[5]等等。但我們很難把模式簡單歸納成行話。與計算機科學中的大多數領域相比，模式幾乎沒有引進什麼新術語。事實上這就是模式的特徵，一個好的模式天生就很容易被它的受眾理解。雖然模式可能會用到它所針對的目標領域的行話，但我們幾乎不必為模式定義專門的術語。

模式不是可以盲目應用的規則（否則有悖於模式的教學特性）。模式也不僅僅是程式設計技巧，雖說「慣用法」關注的是與特定程式語言相關的模式。「技巧」在我聽起來有些貶義，它過分強調了解決方案，而忽略了問題、場合、教學以及命名。

毫無疑問，一項新事物要被接受會經歷三個階段：首先，它被當作垃圾，乏人問津；然後它似乎不可行，無法推廣；最後它變得顯而易見，理所當然，人們會說：「我們一直以來都是這麼做的。」模式目前還沒有完全脫離第一階段。

誤解 3：「看到了冰山的一角，就等於看到了整座冰山。」

以偏概全不是一種正當的做法，如果用這種方式來看待模式，那就大錯特錯。模式所涉及的領域、內容、範疇和風格非常廣泛，而且它們的品質也千差萬別。只要隨便翻閱 *Pattern Languages of Program Design*[6] [CS95、MRB98、VCK96] 叢書中的一本，就可以感受到這一點。模式和撰寫模式的人同樣多樣，也許有過之而無不及。隨便舉幾個例子，Alistair Cockburn、Jim Coplien、Neil Harrison 以及 Ralph Johnson 等，雖然這些作者一開始也曾嘗試用多種風格來為不同領域編寫模式，但現在他們早已經超越那個階段。因此，僅僅透過少數幾個例子就對模式下一個籠統的結論是錯誤的。

4　[審校注] force 可以翻為作用力，但其實它非常難翻譯，Teddy Chen 認為這是「問題的限制或特性」，例如，軟體設計是為了解決問題，而假設有一個問題的環境需求是 CPU 的使用限制，那麼設計解決這個問題的軟體時，就必須將此考慮進去，並且依照這個限制來設計軟體，否則所設計出來的軟體根本不能算是解決了問題。以往深度學習之所以無法成功，原因就在於 CPU/GPU 的限制，所幸後來 GPU 的限制被硬體的進度給去除了，所以深度學習軟體才得以成功。

5　[審校注] 詳見《*The Timeless Way of Building*》，Christopher Alexander, Oxford University Press, 1979.，此書為設計模式思維的源頭。

6　[審校注] 至 2017 年一共出版五本，讀者可上 amazon 查詢 *Pattern Languages of Program Design*。

誤解 4：「模式需要工具或方法的支援才能生效。」

在過去的 5 年中，我曾經編寫過模式、使用過模式，並幫助過別人使用模式，也參與設計過至少一個基於模式的工具[BFY+96]。我可以很有把握地說，模式的優點來自於對模式本身的應用，也就是說不需要任何形式的支援。

當我在談論這個話題時，我通常會指出模式的 4 個主要優點：

1. 它們提煉出專家的經驗和智慧，讓一般開發人員使用。
2. 它們的名稱組成了一個詞彙表，有助於開發人員交流更順暢。
3. 系統文件若記載了該系統所使用的模式，則有助於人們更快理解系統。
4. 對系統進行改造變得更容易，無論系統原來的設計是否採用了模式。

長久以來我原本認為大部分的優點來自第 1 點。現在我認識到第 2 點的重要性不亞於第 1 點。試想：在軟體開發的過程中，開發人員之間口頭及電子形式的交流訊息量有多少個位元組？我猜即使沒有幾十億，也有好幾百萬（在我們編寫《設計模式》一書的過程中，我保存我們 4 人之間往來的電子郵件，其檔案大小就達數百萬位元組之多。我認為我們所付出的精力，差不多相當於開發一個小型到中等規模的軟體專案）。交流如此多，耗時也自然多，任何有助於提高交流效率的東西都將為我們節省相當可觀的時間。因此，模式使人與人之間的交流更順暢更有效率。隨著軟體開發專案的規模變得越來越大，軟體的壽命變得越來越長，我對於第 3 點和第 4 點的重視程度也不斷提升。

簡而言之，模式是供大腦消化吸收的食糧，而不是加工時的材料。方法論和自動化的支援對模式可能會有好處，但我相信這些都只是錦上添花而已。

※ ※ 誤解 ※ ※

到目前為止，我們所討論的誤解都與『模式是什麼有關』。現在讓我們來討論一些『關於模式能做什麼』的誤解。這些誤解有兩類：誇大其詞類和輕描淡寫類。

誤解 5:「模式可以保證軟體的耐用、更高的生產率、世界和平,等等。」

這個誤解很容易反駁,因為模式並沒有保證任何東西。它們甚至不能增加從中獲取益處的可能性。模式並不能代替人來完成創造,它們只不過給那些缺乏經驗但卻具備才能和創造力的人帶來希望。

人們看到好的模式,會有恍然大悟之感。只有當模式能夠觸動心弦時,這種情況才會發生。如果模式無法觸動心弦,那麼它就像到人跡罕至的森林中的一棵大樹,縱使轟然倒下也沒有人能聽到它的聲音。模式也是如此:即便它編寫得再好,如果不能引起人們的共鳴,那麼它好在哪裡呢?

模式只不過是開發人員軍火庫中的另一件武器。將太多東西都歸功於模式只會適得其反。要防止誇大其詞的宣揚引發反抗情緒,最好的方法就是——少說多做。

誤解 6:「模式可以『產生』整體架構。」

這種誤解與上一種誤解很相似,只不過誇張的程度要輕微一些。

在模式的討論區裡,定期會有一些關於模式的**生產能力**(*generativity*)的討論。我認為,生產能力指的是模式能夠創造**新行為**(*ermergent behavior*)的能力。這種描述聽起來很酷,其意思是模式能夠幫助讀者解決模式沒有明確解決的一些問題。據我所知,還有一些觀點認為,真正的生產能力幾乎能夠自動產生實作。

對我來說,生產能力的關鍵在於模式與教學之間的相關部分,例如,對問題的描述和對解決方案的敘述,或對效果的討論。在定義和提煉架構時,這些見解特別管用。但模式本身並不能產生任何東西,能夠產生東西的是人,只有當人具備足夠經驗並且所使用的模式足夠好的時候,他們才能夠這樣做。而且,模式不可能涵蓋架構的各種面向。給我看一個稍有規模的設計,我一定能發現既有模式尚未涉及的許多設計問題。也許這些問題不常見或不經常發生,或者它們只不過尚未被編寫成模式的形式。但無論如何,我們需要運用自己的創造力來填補各種現有模式之間的空白地帶。

誤解 7：「模式只用在『物件導向』設計或實作。」

誤解的另一個極端是過分貶低模式的作用，就像現在討論的這一種。竟然有人會相信這種說法，坦白說，我對此感到極度驚訝。然而許多人曾經用這個問題問過我，多到足以讓它能夠在十大誤解中佔有一席之地。如果你覺得這種誤解太過幼稚，那麼可以直接跳到下一種誤解。

如果模式不能把專家的經驗記錄下來，那麼它們就一無是處。究竟記錄哪些經驗則由模式的編寫者決定。在物件導向的軟體設計中，當然有值得記錄的經驗，但在非物件導向的設計中，同樣也有值得記錄的經驗。不僅在設計領域有值得記錄的地方，而且在分析、維護、測試、文件、組織結構等領域都有值得記錄的東西。這些不同領域的模式正在浮現。目前在分析模式領域，已經至少出版了兩本書[Fowler97, Hay96]，而且每一屆的 PLoP 會議[7]都會吸引一些新型的模式（提交給 1996 年會議的一個模式特別有意思，它是關於音樂作曲的模式！）。

與大多數的誤解一樣，這種誤解也有一定的道理。如果看一看人們使用模式的形式，就會發現兩種基本的風格：一種是《設計模式》一書所使用的高度結構化的 GoF 風格，另一種是 Christopher Alexander 近乎純文學的風格——敘述式的文體，採用盡可能簡約的結構。在我為物件導向設計以外的領域編寫模式之後，才體認到 GoF 風格是多麼偏向物件導向。在我嘗試過的其他領域中，GoF 風格根本不適用。例如，對 C++慣用法來說，它的結構圖應該是什麼樣子？對音樂作曲的模式來說，它在實作上的取捨應該是什麼樣子？對於用來撰寫好的說明文的模式來說，它的協作部分又應該是什麼樣子？

顯然，沒有任何一種模式能夠適用於所有領域。唯一能夠適用於任何領域的是一個通用的概念——無論在什麼領域，模式都是一種用來記錄和傳播專家經驗的工具。

誤解 8：「沒有證據顯示模式對任何人有幫助。」

這種誤解在過去還能站得住腳，但現在已經不是那麼回事。人們正透過各種管道來報導模式帶來的好處，這些管道包括 *Software — Practice and Experience*

---

[7]　[審校注] Pattern Languages of Programs，模式語言會議。

[Kotula96]之類的期刊，以及 OOPSLA [HJE95, Schmid95] 和 ICSE [BCC+] 之類的會議。Doug Schmidt 也曾表示過，模式對大學生和研究生的計算機科學教學有諸多好處[PD96]。雖然這些大多是定性的分析，但據我所知，至少有一個團體正在進行對照實驗，以獲取量化的結果。

隨著時間的推移，我們會更清楚使用模式所帶來的好處和隱憂。即使起初的評價非常好，但我們仍然需要累積更多經驗，才能得到一個更全面的評估。但是，如果僅僅因為模式所帶來的好處還沒有完全被量化就拒絕立即使用模式，那絕對是極很愚蠢的行為。

※　※　擁護模式的族群　※　※

『關於模式能夠做什麼』的謬論就到此為止。下面最後兩種誤解與模式本身無關，而與擁護模式的族群有關。

誤解 9：「模式族群是一群由精英分子組成的小幫派。」

我很想知道這樣的想法從何而來，這是因為，如果模式族群有什麼值得一提的話，那一定就是它的多樣性。這一點很容易判斷，只要看看 PLoP 的與會者就能明白——人們來自世界各地，既有來自大公司也有來自小型新創公司，有分析師、設計師和實作者，有學生和教授，還有大名鼎鼎的作者和新手。而令我感到驚訝的是，有幾個經常參加該會議的與會者竟然不是 IT 界的！模式族群仍然處於不斷變動的狀態，每年與會者的流動率都相當高。

模式族群裡常常有著作發表，但族群中有學術背景的人，相對來說卻並不多見，對此有人可能會感到不解。事實上，PLoP 的大多數與會者都是軟體業的從業人員，而且似乎一直以來都是這樣。軟體模式的早期擁護者們（包括 Kent Beck、Peter Coad 以及 Ward Cunningham）沒有一個是來自學術界的[8]。GoF 中只有一個（Ralph）是來自學術界，而且他是我所見過最講究實用性的學者。模式族群的草根本質顯然與那些所謂同質性（homogeneity）和精英論是背道而馳的。

---

[8]　[審校注] 會不會就是因為這樣，所以大學正式課程中，至今仍看不到一門「軟體設計模式」的課程呢？

誤解 10：「模式族群是爲自己服務的，甚至是不懷好意的。」

我曾經不止一次聽到對模式的責難，說模式的主要用途只爲了給那些編寫模式書籍的人增加收入來源。甚至還有一種說法是模式正朝著一個不可告人的方向發展。

這完全是一派胡言！

作爲 GoF 中的一員，我可以非常肯定地說，我們 4 人和其他任何人一樣，關於人們對於《設計模式》的迴響感到驚訝。毫無疑問，當設計模式在 1994 年的 OOPSLA 會議[9] 上初次亮相時，我們 4 人對於它引起的轟動，沒有任何心理準備，讀者的大量需求甚至讓出版社都感到措手不及。在寫書的整個過程中，我們考慮最多的就是盡己所能來創造一本最高品質的書籍。爲了深入理解模式的內容，我們已經太忙了，根本無暇考慮銷售問題。

當時的情況就是那樣。現在模式已經成爲一個重要的術語，因此有些人想利用它來謀取一些私利也在所難免。但是，如果仔細閱讀那些模式領軍人物所撰寫的作品，你就會感受到其中共同的宗旨：將得之不易的專家經驗、最佳實踐，甚至是競爭優勢——多年親身經歷所累積的豐碩成果——不僅展露出來而且傳授給所有的後來者。

正是這種要提升所有讀者軟體設計能力的熱情，激勵著每一位真誠而有成效的模式編寫者。缺少任何一項因素，都只會適得其反，並最終導致對模式的誤解。

1.2　觀察

澄清了這些誤解之後，人們對於設計模式的反應不外乎有兩種。下面我會透過一個類比來對它們進行描述。

---

[9]　[審校注] Object-Oriented Programming, Systems, Languages & Applications）是計算機協會（ACM）的一個年度性會議。

試想有一個電子學愛好者，雖然他沒有經過正規的訓練，但卻日積月累設計並製造出許多有用的電子設備：業餘無線電、蓋革計數器[10]、警報器等。有一天，這個愛好者決定重新回到學校去攻讀電子學學位，來讓自己的才能得到正式的認可。隨著課程的展開，這位愛好者突然發現課程內容都似曾相識。似曾相識的不是術語或描述的方式，而是背後的概念。這個愛好者不斷學到一些名稱和原理，雖然這些名稱和原理原來他並不知道，但事實上他多年以來一直都在使用。整個過程，對他而言，只不過是一個接一個的頓悟。

現在讓我們把鏡頭切換到一位大學新生，這位新生正在同一個班學習同樣的課程。他沒有電子學的背景，有的只是大量溜直排輪的經驗，沒錯，但就是沒有電子學的背景。對他而言，學習新課程極其吃力，這並不是因為他笨，而是因為這些內容對他來說是完全陌生的。這位新生需要花更多的時間來理解和領悟所有的內容。透過努力學習再加上一點毅力，他最終完成了所有的課程。

如果你覺得自己像一個設計模式愛好者，那麼你會更有動力。如果你覺得自己更像一位新生，那麼請振作起來：你在學習好的模式上的付出是不會白費的，只要將它們應用到自己的設計就會得到回報。我保證！

但對於有些人來說，電子學這個類比可能不太貼切，因為其中包含了「電子技師」的內涵。如果你也這樣認為的話，那不妨考慮一下 Alfred North Whitehead 在 1943 年說過的一句話，雖然是在不同的場合下說的，但它也許會更貼切：

> 藝術就是將一種模式強加於經歷，以及識別這種模式時所帶來的審美享受。

第 2 章

運用模式進行設計

如果想體驗一下運用模式的感覺，那麼最好的方法就是運用它們。對我來說，最大的挑戰在於找到一個所有人都能理解的例子。人們對自己的問題最感興趣，如果某些人對某個例子越感興趣，這個例子往往就越具體。問題在於，這樣的例子所涉及的問題往往太艱深，對於沒有相關領域背景的人來說，難以理解。

階層式檔案系統（hierarchical file system）是每位電腦使用者都熟悉的東西，就讓我們來看看該如何設計它。我們不會關心諸如 I/O 緩衝和磁碟的磁扇管理之類的底層實作問題，我們要關心的是設計一個讓應用程式開發人員使用的程式設計模型——檔案系統的 API。在大多數的方法系統中，這樣的 API 通常包含大量的程序呼叫和一些資料結構，但對於擴展性的支援卻很少或者根本沒有。我們的設計將完全是物件導向而且是可擴展的。

首先，我們會集中討論這個設計最重要的兩個重點，以及用來對這兩個重點進行處理的模式。然後我會在這個例子的基礎上，展示其他模式是如何解決設計問題的。本章的目的並不是要為模式的應用，規定一個嚴格的流程，也不是要展示設計檔案系統的最佳方法，而是要鼓勵讀者自己應用模式。用得越多、看得越多，你在處理模式時就會感到越輕鬆。最終，你將慢慢學會應用模式所需的精湛技藝：屬於你自己的技藝。

2.1 基礎

從使用者的角度來看,無論檔案有多大,目錄結構有多複雜,檔案系統都應該能夠對它們進行處理。檔案系統不應該對目錄結構的廣度或深度施以任何限制。從程式設計師的角度來看,檔案結構的表示方法不僅應該容易處理,而且應該容易擴展。

假設我們正在實作一個命令,用來列出一個目錄中的所有檔案。編寫之後,用來得到一個目錄名稱的程式碼,與用來得到一個檔案名稱的程式碼相比,應該沒有區別,也就是說,同樣的程式碼應該能夠同時處理這兩種情況。換句話說,在請求目錄名稱和檔案名稱時,應該能夠以相同的方式處理。這樣得到的程式碼將更易於編寫和維護。而且我們還想在不重新實作部分系統的前提下,加入新的檔案類型(例如捷徑)。

因此,一開始就有兩件事情非常清楚:一是檔案和目錄是這個問題領域(problem domain)的關鍵元素,二是我們需要一種方式,能夠讓我們在完成設計之後再為這些元素引入特別的版本。一種顯而易見的設計方法是用物件來表示這些元素。

我們如何實作圖 2-1 的結構呢?有兩種物件,這意味著我們需要兩個類別——一個用來表示檔案,另一個用來表示目錄。我們還想以同樣的方式處理檔案和目錄,這意味著它們必須有一個共同的介面。更進一步說,這意味著這兩個類別必須衍生自一個共同的(抽象)基底類別,我們將稱之為 Node。最後,我們還知道目錄中包含檔案。

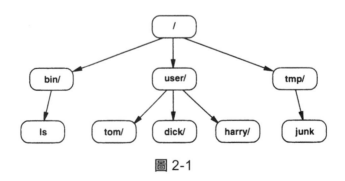

圖 2-1

以上這些條件基本上已經替我們把類別的層次結構定義出來了：

```
Class Node {
public:
    // declare common interface here
protected:
    Node();
    Node(const Node&);
};
Class File : public Node {
public:
    File();
    // redeclare common interface here
};
Class Directory : public Node {
public:
    Directory();
    // redeclare common interface here
private:
    list<Node*> _nodes;
};
```

另一個需要斟酌的問題與共同介面的組成有關。哪些方法既能夠適用於檔案，又能夠適用於目錄呢？

檔案和目錄有各式各樣的共同屬性，例如名稱、大小、保護屬性等。每個屬性可以有相對應的方法來存取和修改它的值。以相同的方式來處理那些對檔案和目錄都有明確意義的方法是很簡單的事。但若想以相同的方式處理那些不適用於兩者的方法時，問題就隨之而來。

舉個例子，使用者經常執行的一項方法就是列出一個目錄中的所有檔案。這意味著 Directory 需要一個介面來枚舉它的子節點。下面這個簡單的介面是用來回傳第 n 個子節點。

```
virtual Node* getChild(int n);
```

由於一個目錄既可能包含 File 物件，也可能包含 Directory 物件，因此 getChild 必須回傳一個 Node*。這個回傳值的型別衍生出一個重要的結果：它強制我們不僅要在 Directory 類別中定義 getChild，而且還要在 Node 類

別中定義該介面。為什麼呢？因為我們想要能夠列出子目錄的子節點。實際上，使用者經常想要存取檔案系統結構的下一層。除非不用強制轉換就能用 getChild 的回傳值來呼叫 getChild，否則無法透過一種靜態的、型別安全的方式來完成這個方法。因此，和屬性方法一樣，getChild 是我們想要同時用在檔案和目錄上的方法。

同時，getChild 也是允許我們以遞迴的方式來定義 Directory 的方法的關鍵所在。假設 Node 宣告了一個 size 方法，這個方法回傳該目錄樹（及其子樹）所佔用的總位元組數。這個方法 Directory 可以如此定義：依次呼叫它所有子節點的 size 方法，將所有的回傳值相加，得到的總和就是自己的回傳值。

```
long Directory::size() {
    long total = 0;
    Node* child;

    for (int i = 0; child = getChild(i); ++i) {
        total += child->size();
    }

    return total;
}
```

目錄和檔案的例子說明了 COMPOSITE 模式最關鍵的幾個面向：它產生的樹狀結構可以支援任何複雜度，它還規定了如何以統一的方式來處理這些樹狀結構中的物件。COMPOSITE 模式的目的部分對這些面向進行了描述：

> 將物件組織用一個樹狀結構來表示「部分─整體」的層次結構，給客戶端一種統一的方式來處理這些物件，無論這些物件是內部節點（internal node）還是葉節點（leaf）。

時機部分描述了我們應該在以下場合使用 COMPOSITE 模式：

❑ 我們想要表示物件的「部分─整體」層次結構。

❑ 我們想讓使用者能夠忽略複合物件和單個物件之間的區別。使用者將以統一的方式來處理複合結構中的所有物件。

該模式的結構部分用一個經過修改的 OMT[1]圖的形式，描繪了典型的
COMPOSITE 類別結構。之所以說它是典型的，只是表示它是我們（GoF）所見
過最常見的組織方式，並不代表最終的類別及其關係，這是因為有時候受到某
種設計或實作的影響，我們必須進行一些折衷，這種情況下得到的介面可能會
有所不同（COMPOSITE 模式同樣對這些內容進行了闡述）。

圖 2-2 展示了 COMPOSITE 模式涉及的各個類別，以及這些類別之間的靜態關
係。我們的 Node 類別相當於 Component，它是一個抽象基底類別。File 類別
相當於子類別 Leaf，而 Directory 類別則相當於子類別 Composite。從
Composite 指向 Component 的箭頭線顯示 Composite 包含了 Component 型
別的實例。箭頭前面的實心圓圈表示多於一個實例；如果沒有實心圓圈，則表
示僅有一個實例。箭頭線尾部的菱形表示 Composite 聚合了它的子實例，這也
意味著刪除一個 Composite，也會刪除它的子實例。它還意味著所有的
Component 沒有被共享，因此確保了樹狀結構。COMPOSITE 模式的參與者和
協作部分對各個類別之間的靜態關係和動態關係分別進行了解釋。

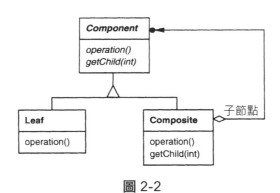

圖 2-2

COMPOSITE 的效果部分總結了使用該模式的好處和壞處。好處是，COMPOSITE
支援任意複雜度的樹狀結構。這個特性產生的直接結果，就是對客戶端程式碼
隱藏了節點的複雜度：他們無法辨別出他們正在處理的 Component 到底是一個
Leaf 還是一個 Composite，事實上他們也沒有必要去辨別，這使得客戶端程
式碼更獨立於 Component 的程式碼。客戶端程式碼也變得更簡單，因為它能夠

1　　[譯者注] Object Modeling Technology，物件建模技術。

以統一的方式來處理 Leaf 和 Composite。客戶端程式碼再也不需要根據 Component 的實際類型來決定要執行許多程式碼分支中的哪一個分支。最棒的是,我們可以添加新的 Component 類型而無須修改已有的程式碼。

但是,COMPOSITE 的壞處在於它可能會產生這樣的系統:系統中每個物件的類別與其他物件的類別看起來都差不多。由於明顯的區別只有在執行時才會顯現出來,因此這會使得程式碼難以理解,即便我們知道類別的具體實作也無濟於事。此外,如果在一個比較低的層次運用該模式,或者運用該模式時的粒度太細,那麼物件的數量可能會多得讓系統負擔不起。

正如讀者可能猜到的那樣,COMPOSITE 模式的實作部分討論了實作該模式時會面臨的許多問題:

❏ 為了提高效能,應該在何時以及何處對訊息進行快取;

❏ Component 類別應該分配多少儲存空間;

❏ 在儲存子節點時,應該使用什麼資料結構;

❏ 是否應該在 Component 類別中宣告那些用來添加和刪除子節點的方法;

❏ 等等。

在開發我們的檔案系統時,我們將努力解決這些問題中的一部分,以及許多其他的問題。

2.2　孤兒、孤兒的收養以及替代品

在我們的檔案系統中運用 COMPOSITE 模式可能會得到什麼樣的結果,讓我們來深入研究一下。首先,我們考察在設計 Node 類別的介面時必須採取的一個重要折衷,接著會嘗試給剛誕生的設計增加一些新功能。

我們使用 COMPOSITE 模式構成了檔案系統的主幹。這個模式向我們展示了如何用物件導向的方法來表示階層式檔案系統的基本特徵。這種模式透過繼承和組合,將它的關鍵參與者(Component、Composite 及 Leaf 類別)聯繫在一

起，進而支援任意大小和複雜度的檔案系統結構。它同時讓客戶端能夠以統一的方式來處理檔案和目錄（以及檔案系統中可能出現的任何東西）。

正如我們已經看到的那樣，一致性的關鍵在於，為檔案系統的物件提供一個共同的介面。到目前為止，我們的設計裡已經有了三種物件類別：Node、File和 Directory。我們已經解釋了需要在 Node 基底類別中定義那些對檔案和目錄都有明確意義的方法。用來獲取和設置節點的名稱和保護屬性的方法就屬於這一類。我們還解釋了，雖然有一個用來存取子節點的方法（getChild），這個方法乍看對 File 物件並不合適，但為什麼我們仍然需要把它放在共同的介面呢？在回答這個問題之前，先讓我們來考慮其他看起來更沒有什麼共通處的一些方法。

※　※　小孩哪來的　※　※

小孩子是從哪裡來的？雖然這聽起來像是一個早熟的 5 歲小孩問的問題，但我們仍然需要知道（我猜在任何場合下，這都是個不錯的問題）。在一個 Directory物件能夠枚舉它的子節點之前，它必須透過某種方式獲得子節點。但是從哪裡獲得的呢？

顯然不是從它自己身上。把一個目錄可能包含的每個子節點給建立出來，這不應該是目錄的責任，這樣的事情應該由檔案系統的使用者來控制。讓檔案系統的使用者來建立檔案和目錄並把它們放到相對應的地方，才是比較合理的做法。這意味著 Directory 物件將會收養（adopt）子節點，而不是建立子節點。因此，Directory 需要一個介面來收養子節點。類似下面的介面就可以：

```
virtual void adopt(Node* child);
```

當客戶端程式碼呼叫一個目錄物件的 adopt 函數時，就等於是明確地把管理這個子節點的責任轉交給該目錄物件。責任意味著所有權：當一個目錄物件被刪除時，這個子節點也應該被刪除。這就是 Directory 和 Node 類別之間（在圖2-2 中用菱形表示）聚合關係的本質。

現在，如果客戶端程式碼可以讓一個目錄物件承擔管理一個子節點的責任，那麼應該還有一個函數來解除（relinquish）這份責任。因此我們還需要另外一個介面：

```
virtual void orphan(Node* child);
```

在這裡「orphan」並不意味著它的父目錄已經死了——被刪除了，它只不過表示該目錄物件不再是這個子節點的父目錄。這個子節點仍將繼續存在，也許它馬上就會被另一個節點收養，也許它會被刪除。

這和一致性有什麼關係？為什麼我們不能把這些方法只定義在 Directory 中？

好吧，假設我們就是這樣定義的。現在考慮一下客戶端程式碼如何實作改變檔案系統結構的方法。一個用來建立新目錄的使用者級命令就是此類別客戶端程式碼的一個例子。這個命令的使用者介面無關緊要，我們可以假設它只不過是一個命令行介面，類似 Unix 的 mkdir 命令。mkdir 有一個參數，用來傳入待建立目錄的名稱，如下所示：

```
mkdir newsubdir
```

事實上，使用者可以在名稱前面加上任何有效的路徑。

```
mkdir subdirA/subdirB/newsubdir
```

只要 subdirA 和 subdirB 已經存在而且是目錄而不是檔案，那麼這條命令就應該能夠正確執行。更概括地說，subdirA 和 subdirB 應該是 Node 子類別的實例，而且可以有子節點。如果這一點不成立，那麼使用者應該會得到一條錯誤訊息。

我們要怎麼實作 mkdir 呢？首先，我們假設 mkdir 能夠找出當前的目錄是什麼，也就是說它能得到一個與使用者的當前目錄相對應的 Directory 物件[2]。

---

[2]　客戶端程式碼可以透過一種眾所周知的方法（例如對 Node 類別的一個靜態方法）得到當前目錄。存取眾所周知的資源正是 SINGLETON 模式的職責。我們稍後就會用到該模式。

給當前目錄增加一個新目錄只不過是小事一樁：先建立一個 Directory 實例，然後呼叫當前目錄物件的 adopt 函數，並將新目錄作為參數傳入。

```
Directory* current;
// ...
current->adopt(new Directory("newsubdir"));
```

就是這麼簡單。但一般情況下傳給 mkdir 的不僅僅只是一個名稱，而是一個路徑，我們應該怎樣處理這種情況呢？

事情從這裡開始變得有些棘手了，mkdir 必須——

1. 找到 subdirA 物件（若該物件不存在則報告一個錯誤）；

2. 找到 subdirB 物件（若該物件不存在則報告一個錯誤）；

3. 讓 subdirB 收養 newsubdir 物件。

第 1 點和第 2 點涉及對當前目錄的子節點進行巡訪，以及對 subdirA（如果它存在的話）的子節點進行巡訪，其目的是為了找到代表 subdirB 的節點。

在 mkdir 實作的內部，可能會有一個遞迴函數，該函數以路徑作為它的參數。

```
void Client::mkdir (Directory* current, const string& path) {
    string subpath = subpath(path);

    if (subpath.empty()) {
        current->adopt(new Directory(path));
    } else {
        string name = head(path);
        Node* child = find(name, current);

        if (child) {
            mkdir(child, subpath);
        } else {
            cerr << name << " nonexistent." << endl;
        }
    }
}
```

這裡 head 和 subpath 是字串處理副程式。head 回傳路徑中的第一個名稱,而 subpath 則回傳剩餘的部分。find 方法在一個目錄中根據指定的名稱尋找對應的子節點。

```cpp
Node* Client::find (const string& name, Directory* current) {
    Node* child = 0;

    for (int i=0; child = current->getChild(); ++i) {
        if (name == child->getName()) {
            return child;
        }
    }
    return 0;
}
```

值得注意的是,由於 getChild 回傳的是 Node*,因此 find 也必須回傳 Node*。這沒有什麼不合理的地方,因為子節點既可以是一個 Directory,也可以是一個 File。但如果仔細閱讀程式碼,就會發現這個小小的細節對於 Client::mkdir 有著致命的影響——Client::mkdir 是無法通過編譯的。

讓我們再看一下對 mkdir 的遞迴呼叫。傳給它的是 Node*,而不是所需的 Directory*。問題在於,當我們深入存取檔案系統的層級時,我們並不知道一個子節點到底是檔案還是目錄。一般來說,只要客戶端程式碼無須關心這種區別,就是一件好事。但在目前的情況下,我們確實需要關心這種區別,因為只有 Directory 才定義了用來收養子節點和遺棄子節點的介面。

但我們真的需要關心這一點嗎?或者更進一步說,客戶端程式碼(mkdir 命令)需要關心這一點嗎?不一定。它的任務若不是建立一個新目錄,就是向使用者報告錯誤。因此讓我們假設,只是假設一下,我們對於所有的 Node 類別,都以一致的方式來處理 adopt 和 orphan。

好的,好的。我知道你在想,「天啊!這些方法對於 File 之類的葉節點來說毫無意義。」但這樣的假設是不是切合實際呢?如果今後有人想定義一種新的類似垃圾筒(說得更準確一些,是回收筒)的葉節點,它可以銷毀自己收養的所有子節點,那麼這種情況該怎麼處理呢?如果想在葉節點收養子節點時產生

一條錯誤訊息，那麼這種情況又該怎麼處理呢？我們很難證明 adopt 對葉節點來說毫無意義，orphan 同樣也是如此。

另一方面，有人可能會爭辯說，一開始就沒有必要把 File 類別和 Directory 類別分開——所有的東西都應該是 Directory。這樣的論點是合理的，但是從實作的角度來看，它存在一些問題。一般來說，Directory 物件的許多內容對大多數檔案來說是不必要的，例如用來儲存子節點的資料結構、用來對子節點資訊進行快取以提高效能的資料結構，等等。經驗顯示，在許多應用程式中，葉節點的數量通常要比內部節點的數量多得多。這也是為什麼 COMPOSITE 模式要把 Leaf 和 Composite 類別分開的原因。

讓我們來看一看，如果我們不僅僅要在 Directory 類別中定義 adopt 和 orphan，而是要在所有的 Node 類別中定義 adopt 和 orphan，會發生什麼情況。我們讓這些方法在預設的情況下產生錯誤訊息。

```
virtual void Node::adopt (Node*) {
    cerr << getName() << " is not a directory." << endl;
}

virtual void Node::orphan (Node* child) {
    cerr << child->getName() << " not found." << endl;
}
```

雖然這並不一定是最好的錯誤訊息，但應該足以讓讀者領會其中的含義。除了產生錯誤訊息之外，這些方法還可以拋出例外，或者什麼也不做——我們有許多選擇。現在無論在什麼情況下，Client::mkdir 都可以完美地執行[3]。同時請注意，這種方法不需要對 File 類別做任何更動。當然，我們必須修改 Client::mkdir，在參數中用 Node* 來代替 Directory*。

---

[3] 好吧，近乎完美地執行。我必須承認在這個例子中，我忽略了有關記憶體管理的問題。具體來說，當客戶端程式碼在葉節點上呼叫 adopt 時，可能會有潛在的記憶體洩漏，這是因為客戶端程式碼把所有權轉讓給了一個不會接受所有權的節點。對 adopt 來說，這是一個非常普遍的問題，因為即便是 Directory 物件，該方法仍然有可能會失敗（例如客戶端程式碼沒有足夠的權限）。如果對 Node 進行參考計數，就不會有這個問題了，因為 adopt 會在失敗的時候，遞減參考計數（或者不遞增參考計數）。

```
void Client::mkdir (Node* current, cosnt string& path) {
    // ...
}
```

關鍵在於：雖然看起來我們不應該以一致的方式來處理 adopt 和 orphan 方
法，但這樣做實際上是有好處的，至少在這個程式當中是如此。另一種最有可
能的選擇是，引入某種形式的向下轉型，讓客戶端來確定節點的型別。

```
void Client::mkdir (Directory* current, const string& path) {
    string subpath = subpath(path);

    if (subpath.empty()) {
        current->adopt(new Directory(path));

    } else {
        string name = head(path);
        Node* node = find(name, current);

        if (node) {
            Directory* child = dynamic_cast<Directory*>(node);
            if (child) {
                mkdir(child, subpath);
            } else {
                cerr << getName() << " is not a directory."
                    << endl;
            }
        } else {
            cerr << name << " nonexistent." << endl;
        }
    }
}
```

想必你已經注意到 dynamic_cast 引入了額外的檢查和分支。為了能夠處理使
用者在 path 中指定了無效目錄名稱的情況，這樣做是必要的。這個例子同時
說明了缺乏一致性會讓客戶端程式碼變得更加複雜。

這並不是說，不一致性在任何情況下都是不恰當的。某些應用程式可能不允許
在葉節點上呼叫與子節點有關的方法，因此對於這類應用程式來說，能夠讓編
譯器檢測出這種情況是非常重要的。在這些情況下，不應該把 adopt、orphan
以及類似的方法宣告在基底類別中。但是，如果以一致的方式處理葉節點和內

部節點不會引起嚴重的後果,那麼一致性通常會帶來簡單性和可擴展性,這一點我們很快就會看到。

2.3 「但是應該如何引入替代品呢?」

很高興你能提出這個問題,因為我們正打算添加一個新功能——符號連結(symbolic link,它在 Mac Finder 中被稱為替身,在 Windows 中被稱為捷徑)。**符號連結**基本上是對檔案系統中另一個節點的參考。它是該節點的「替代品」(surrogate),它不是節點本身。如果刪除符號連結,它會消失但不會影響到它所參考的節點。

符號連結有自己的存取權限,這個存取權限與它參考的節點的存取權限可能是不同的。但在大多數情況下,符號連結表現都得和節點本身一樣。如果一個符號連結參考的是檔案,那麼客戶端程式碼可以將這個符號連結當作該檔案來處理。舉個例子,客戶端程式碼可以編輯檔案,或許還可以透過符號連結把對檔案的變更保存起來。如果一個符號連結參考的是目錄,那麼客戶端程式碼可以透過符號連結,來執行在目錄中添加或刪除節點的方法,就好像這個符號連結就是目錄本身一樣。

符號連結非常方便,它使我們無需移動或複製遠在另一個地方的檔案,就可以存取它們。對那些必須保存在一個地方但需要在另一個地方使用的節點來說,這很讚。如果我們的設計不支援符號連結,是我們失職。

因此,那些花錢買了《設計模式》的人應該會問的第一個問題是:「有沒有哪個模式可以幫助我們設計和實作符號連結?」事實上,還有一個更大的問題:「我們如何找到正確的設計模式來解決手頭的問題?」

《設計模式》一書的 1.7 節提供以下 6 個步驟:

1. 思考設計模式如何解決設計問題。(換句話說,學習 1.6 節。但你我都知道在緊張的開發過程中,這樣做的可能性有多大)。

2. 快速瀏覽模式的目的部分。(有點蠻幹之意。)

3. 研習模式之間是如何相互聯繫起來的。（這對我們來說仍然太過複雜，但我們已經很接近了。）

4. 看看哪些模式的目的（生成模式、結構模式和行為模式）能與我們正在解決的問題對應起來，並查看這些模式。（嗯，給檔案系統添加捷徑看起來和結構有關。）

5. 審視引起重新設計的相關因素（在《設計模式》的第 24 頁[4]中列出），並運用那些能夠幫助避免這些因素的模式。（因為我們現在根本還沒有設計，所以重新設計看起來有些為時過早。）

6. 考慮一下設計中哪些部分應該是可變的。針對每一個設計模式，《設計模式》第 30 頁的表 1-2 列出了該模式允許設計的哪些方面發生變化。

讓我們沿著第 6 條的方向繼續前進。如果看看表 1-2 中的結構模式，我們會發現以下內容：

- ❑ ADAPTER 讓我們改變一個物件的介面。

- ❑ BRIDGE 讓我們改變一個物件的實作。

- ❑ COMPOSITE 讓我們改變物件的結構和組成。

- ❑ DECORATOR 讓我們改變職責而無需衍生子類別。

- ❑ FACADE 讓我們改變一個子系統的介面。

- ❑ FLYWEIGHT 讓我們改變物件的儲存時間花費。

- ❑ PROXY 讓我們改變如何存取一個物件以及改變物件的位置。

也許我有一些偏見，但聽起來 PROXY 像是我們要找的模式。翻到該模式，我們找到了它的目的：

為另一個物件提供一個替代品或預留空位，以便控制對它的存取。

動機部分將該模式運用於延遲載入圖像的問題（這與我們在 Web 瀏覽器中想要實作的效果不無相似之處）。

4　[編者注] 這裡指《設計模式》英文版原書的頁碼。後同。

但讓我們最終敲定 PROXY 模式的，是它的時機部分。其中闡述了當我們需要對一個物件進行參考，但這個參考需要具備更多的功能或比一個簡單的指標更加複雜時，PROXY 模式就適用。其中還列出了一些它適用的常見情形，其中包括一個用來控制對另一個物件存取的「設限代理者」（protection proxy）——這恰恰是我們需要的。

好了，現在我們如何將 PROXY 模式運用到檔案系統的設計中呢？看一下該模式的結構圖（如圖 2-3 所示），我們會看到三個關鍵的類別：一個 Subject 抽象類別，一個 RealSubject 具體子類別，還有另一個 Proxy 具體子類別。因此我們可以推斷出 Subject 、RealSubject 和 Proxy 有相容的介面。Proxy 子類別還包含一個對 RealSubject 的參考。

該模式的參與者部分解釋了 Proxy 類別提供的介面與 Subject 的完全相同，這使得 Proxy 物件能夠替代任何 Subject 物件。此外，RealSubject 是 Proxy 所代表的物件。

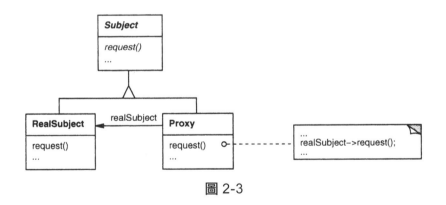

圖 2-3

把這些關係映對回我們的檔案系統類別，顯然我們想要遵循的共同介面是 Node 的介面（畢竟那是 COMPOSITE 模式教我們的）。這意味著 Node 類別在 PROXY 模式中扮演的角色是 Subject。

下面我們需要為 Node 定義一個子類別來與 PROXY 模式中的 Proxy 類別相對應。我稱之為「Link」：

```
class Link : public Node {
public:
    Link(Node*);

    // redeclare common Node interface here
private:
    Node* _subject;
};
```

成員_subject 是用來參考實際物件。但我們似乎有些偏離了該模式的結構圖，結構圖中參考的型別是 RealSubject。在此例中，這相當於參考的型別是 File 或 Directory，但我們仍然想讓這兩種型別的節點都可以使用捷徑。我們該怎麼辦呢？

如果看一看 PROXY 模式中，對於 Proxy 參與者的描述，我們會發現下面的語句：

> [Proxy]用來維護一個參考，並讓該代理存取實際物件。如果 RealSubject 和 Subject 具有相同的介面，那麼 Proxy 也可以參考到 Subject。

根據前面的討論，File 和 Directory 共享了 Node 介面，這正是上面描述的情況。因此_subject 是指向 Node 的指標。如果沒有一個共同的介面，要定義一種能夠同時用於檔案和目錄的捷徑是非常困難的。事實上，我們最終可能會定義出兩種捷徑，除了一種用於檔案，另一種用於目錄之外，兩者的工作方式完全相同。

我們要解決的最後一個主要問題是 Link 如何實作 Node 介面。基本上，只要把每個方法委託給_subject 中與之對應的方法就可以了。因此 getChild 的實作可能是像下面這樣：

```
Node* Link::getChild (int n) {
    return _subject->getChild(n);
}
```

在某些情況下，Link 所表現出來的行為可能並不依賴於它的 subject。例如，Link 可能會定義自己的保護方法，在這種情況下，它會像 File 那樣來實作此類別方法。

※　※　Laurion 的觀點　※　※

Laurion Burchall 就 PROXY 模式的應用提出了他敏銳的見解[Burchall95]：

> 如果一個檔案被刪除了，那麼指向它的代理將變成一個迷途指標（dangling pointer）。當一個檔案被刪除時，我們可以使用 OBSERVER 模式通知所有的代理，但這種方法不允許我們把新檔案移動到舊檔案的位置，使得捷徑能繼續工作。
>
> 在 Unix 和 Mac 中，捷徑持有的是被參考檔案的名稱，而不是具體的物件。一個代理可以持有該檔案的名稱並參考檔案系統的根目錄。但由於每次都要搜尋名稱，因此這會大大增加透過代理來存取檔案的時間花費。

除了與 OBSERVER 有關的那部分之外，上面說的這些都沒錯。當代理指向的檔案被替換掉時，我們可以通知代理並讓它和檔案重新建立起關聯。在這方面，替換和刪除是相似的。

但 Laurion 的觀點仍然是正確的：雖然只保持一個指向 subject 的指標是非常有效率的，但如果不增加一些新的機制，那麼這種做法很難讓人滿意。如果想把一個 subject 替換掉，但又不把指向它的連結作廢，就需要一個額外的間接層，而目前我們還沒有。我們可以用儲存檔案名稱來代替儲存物件指標，但是為了把檔案名稱有效率地映對到物件，這種方法可能需要某種型別的關聯儲存器（associative store）。即便如此，與只儲存一個指標相比，這種方法仍然需要額外的時間花費。但是，除非指向檔案的捷徑太多，或者捷徑的層次太多，否則這應該不是什麼問題。當然，當檔案被刪除或被替換時，關聯儲存器也必須更新。

我傾向不考慮這些不常用的情況，目的是為了讓常用的情況能夠快速執行。如果透過捷徑來存取一個檔案要比透過捷徑來替換或刪除一個檔案更常用（我認為事實的確如此），那麼我更傾向於採用基於 OBSERVER 的方法，而不是採用基於名稱搜尋的方法。

※　　※　　避免變成大雜燴　　※　　※

像這樣在設計逐漸形成的過程中，需要注意的是，不要把基底類別變成一個大雜燴：隨著時間的推移，介面中的方法會持續累積，介面不斷膨脹。檔案系統的每個新特性都會增加一兩個方法。今天是為了支援可擴展屬性，下個星期是為了計算一種新型別的檔案大小統計資料，下個月是為了給 GUI 回傳圖示。不用多久，Node 就變成了一個巨型類別——難以理解、難以維護、難以從中衍生子類別。

我們接下來就來解決這個問題。我們要尋找一種方式，不對已有類別做任何變更，就能在設計中添加新方法。

2.4　存取權限

到目前為止我們已經運用了兩種設計模式：我們用 COMPOSITE 來定義檔案系統的結構，用 PROXY 來幫我們支援捷徑。把我們討論到現在的變更和其他的一些改進合併起來，就得到了圖 2-4，該圖表現出 COMPOSITE 模式和 PROXY 模式的類別層次結構。

getName 和 getProtection 是用來回傳節點的對應屬性。Node 基底類別為這些方法定義了預設的實作。streamIn 用來把節點的內容寫入檔案系統，streamOut 用來從檔案系統讀出節點的內容。（我們假設檔案是按照簡單的位元組流來建模的，就像在 Unix 系統那樣。）streamIn 和 streamOut 是抽象方法，這意味著基底類別宣告了它們，但沒有實作它們。因此它們的名稱用斜體表示。getChild、adopt 和 orphan 都有預設的實作，其目的是為了簡化葉節點的定義。

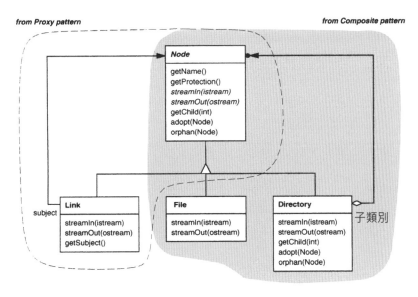

圖 2-4

說到葉節點，我們再來回顧一下：Node、File 和 Directory 是來自於 COMPOSITE 模式。PROXY 模式提供了 Link 類別，它還指定了 Node 類別，這個類別我們原來就已經有了。因此，Node 類別是兩種模式的交集。其他類別只參與了 PROXY 模式或 COMPOSITE 模式，而 Node 類別則參與了兩種模式。這樣的雙重身份是 Alexander 所謂「密集」複合模式的特徵，其中兩個或多個模式佔據了系統中同一個類別的「空間」。

密集度有它的好處，也有它的壞處。在相對較少的類別中實作多個模式會讓設計變得深奧，空間不大卻意味深長，有點像是一首詩。但另一方面，這樣的密集度會讓我們聯想起靈感匱乏的創造。

Richard Gabriel 是這樣說的[Gabriel95]：

在軟體中，Alexandrian 所說的密集度在某種程度上代表了低品質的程式碼——程式碼的每一部分都完成一件以上的任務。這樣的程式碼就像是我們第一次編寫的程式碼，它比正常的需要多佔用了兩三倍的記憶體空間。這樣的程式碼就像是我們曾經在 20 世紀六七十年代所編寫的那種。

說得好 ——「深奧的」程式碼不一定是好的程式碼。事實上，Richard 的擔憂是另一個更大問題的症狀：當一個模式被實作之後，它可能會走調。這裡有許多東西可以討論，但我們先得等一等 —— 我們的檔案系統正在向我們招手呢！

※　※　VISITOR 模式　※　※

在方法系統中，絕大多數使用者級的命令都會透過某種方式對檔案系統運行。因此，檔案系統是計算機的訊息倉庫也就不足為奇了。隨著方法系統的不斷發展，這樣一個重要組件必然會產生新的功能。

我們已經定義的類別提供了少量功能。具體來說，Node 類別的介面只是把它所有子類別支援的一些基本方法包括了進來。這些方法之所以基本，是因為它們不僅允許我們存取只有節點才能存取的訊息，還允許我們執行只有節點才能執行的方法。

很自然的，我們可能還想在這些類別上執行其他的方法。例如一個用來統計檔案字數的功能。一旦我們體認到這樣的需求，可能會想在 Node 基底類別中增加一個 getWordCount 方法。這是一件很糟糕的事，因為我們最終至少得修改 File 類別，而且可能還得修改其餘的每個類別。我們迫切希望能避免修改已有的程式碼（因為這相當於「向已有的程式碼中添加 bug」）。但是我們沒有必要恐慌，因為在基底類別中有串流處理方法，檔案系統的客戶端程式碼可以使用它們來檢查系統中的文字檔。這樣，我們就得以解脫，不必再對已有的程式碼進行修改了，因為客戶端程式碼可以透過已有的方法來實作字數統計。

事實上，我可以肯定地說，設計 Node 介面最主要的挑戰在於，找出一組最少的方法，而客戶端程式碼可以透過這組方法來建構新功能而不受任何約束。另一種可供選擇的作法是，為了每個新功能而對 Node 及其子類別進行改造，相較之下，這種作法不但具有擴散性，而且容易出錯。它還會使 Node 的介面發展成一個具有各種方法的大雜燴，並最終把 Node 物件的本質屬性給掩蓋掉。所有的類別會變得難以理解、難以擴展及難以使用。因此，要定義一個簡單有序的 Node 介面，把注意力集中在一組夠用的基本方法上，這是關鍵。

但那些應該以不同方式來處理不同節點的方法，該怎麼辦呢？我們怎樣才能把它們放到 Node 類別的外部呢？讓我們以 Unix 的 cat 方法為例，它只是把檔案的內容輸出到標準輸出設備上。但是，當我們將它用於目錄時，它會報告無法輸出節點的內容，也許是因為目錄的文字顯示不太好看吧。

由於 cat 的行為取決於節點的型別，看起來似乎有必要在基底類別中定義一個方法，並讓 File 和 Directory 以不同的方式來實作該方法。因此我們最終還是得修改已有的類別。

有沒有別的作法？假設我們堅持不把這個功能放到 Node 類別中，而要把它放到客戶端程式碼。那麼看來除了引入向下轉型來讓客戶端程式碼判斷節點的型別之外，我們沒有其他的選擇：

```cpp
void Client::cat (Node* node) {
    Link* l;

    if (dynamic_cast<File*>(node)) {
        node->streamOut(cout);   // stream out contents
    } else if (dynamic_cast<Directory*>(node)) {
        cerr << "Can't cat a directory." << endl;

    } else if (l = dynamic_cast<Link*>(node)) {
        cat(l->getSubject());    // cat the link's subject
    }
}
```

向下轉型似乎又是難以避免的了。而且，它使客戶端程式碼變得更複雜。沒錯，我們是故意不把功能放到 Node 類別中，而要把功能放到客戶端程式碼的。但是除了功能本身，我們還增加了型別檢驗和條件分支，這合起來就構成了對方法的二次分派。

如果說把功能放到 Node 類別中令人反感，那麼使用向下轉型就是令人噁心了。但是，在我們為了避免向下轉型而不假思索地將 cat() 方法弄到 Node 及其子類別當中之前，讓我們來看一看 VISITOR 模式，這個設計模式為我們提供了第三種選擇。它的目的如下：

表示一個用來處理某物件結構中各個元素的方法。VISITOR 讓我們無需修改待處理元素的類別，就可以定義新的方法。

模式的動機部分討論了一個編譯器，這個編譯器會用抽象語法樹來表示程式。它所面臨的問題是支援一組各式各樣的分析器，例如型別檢驗、美化列印以及程式碼生成，而不需要對實作抽象語法樹的類別進行修改。這個編譯器問題和我們的問題相似，唯一不同之處在於，我們要處理的是檔案系統結構，而不是抽象語法樹，而且我們想要對檔案系統結構執行完全不同的方法（但話又說回來，也許美化列印一個目錄的結構還能沾得上邊）。無論如何，方法本身並不重要，重要的是把方法從 Node 類別中分離出來，但又無需引入向下轉型和額外的條件分支。

VISITOR 只要在它的「Element」參與者中加入一個方法，就可以達到這個目的。這個方法在我們的 Node 類別中，如下所示：

```cpp
virtual void accept(Vistor&) = 0;
```

accept 讓一個「Visitor」物件存取一個指定的節點。Visitor 物件封裝了要對節點執行的方法。所有的 Element 具體子類別實作 accept 的方式不僅簡單，而且看起來也完全相同。

```cpp
void File::accept (Visitor& v)      { v.visit(this); }
void Directory::accept (Visitor& v) { v.visit(this); }
void Link::accept (Visitor& v)      { v.visit(this); }
```

這些實作看起來完全相同，但它們實際上是不同的 —— 在每個實作中，this 的型別是不一樣的。上述實作暗示了 Visitor 的介面看起來應該像下面這樣：

```cpp
class Visitor {
public:
    Visitor();
    void visit(File*);
    void visit(Directory*);
    void visit(Link*);
};
```

這裡最有意思的特性是，當一個節點的 accept 方法呼叫 Visitor 物件的 visit 時，它同時向 Visitor 顯示了自己的型別。然後，被呼叫的 Visitor 可以根據節點的型別，對它進行相對應的處理：

```
void Visitor::visit (File* f) {
    f->streamOut(cout);
}

void Visitor::visit (Directory* d) {
    cerr << "Can't cat a directory." << endl;
}

void Visit::visitor (Link* l) {
    l->getSubject()->accept(*this);
}
```

最後一個方法需要做些解釋。它呼叫了 getSubject()，這個方法回傳該捷徑指向的節點，也就是它的 Subject[5]。我們不能直接把 Subject 的內容列印出來，因為它可能是一個目錄。相反的，我們讓它接受一個 Visitor 物件，就像我們對 Link 類別本身所做的那樣。這使得 Visitor 能夠根據 Subject 的型別來做相對應的處理。Visitor 會透過這種方式依序存取任意數量的連結，直到最後抵達一個檔案或目錄，此時它就終於可以做些有用的事情了。

因此，現在我們只要建立一個 Visitor 並讓節點接受它，就可以對任何節點執行 cat 方法。

```
Visitor cat;
node->accept(cat);
```

節點反過來呼叫 Visitor，這個呼叫會根據節點的實際型別（File、Directory 或 Link）被解析成與之對應的 visit 方法，進而得到相對應的處理。結果是 Visitor 無需進行型別檢驗，就可以把 cat 之類的功能打包在單個類別之中。

---

[5]　getSubject() 是 Link 類別特有的，只有 Link 類別宣告和實作了該方法。因此，如果我們把捷徑當作節點來處理的話，是無法存取該方法的。但是，當使用 Visitor 時，這就不是什麼問題了，因為捷徑在存取節點的時候恢復了型別訊息。

把 cat 方法封裝到 Visitor 中非常漂亮，但如果想對節點執行 cat 以外的方法，看起來我們還是得修改已有的程式碼。假設我們想要實作另一個命令，這個命令用來列出一個目錄中所有子節點的名稱，它和 Unix 中的 ls 命令相似。此外，如果節點是一個目錄，那麼應該給輸出添加「/」後綴，如果節點是一個捷徑，那麼應該給輸出添加「@」後綴。

我們需要把「存取 Node 的權限」授予給另一個類似於 Visitor 的類別，但我們不想再給 Node 基底類別增加另一個 accept 方法。事實上我們也不必那樣做。任何 Node 物件都可以接受任何型別的 Visitor 物件。只不過我們目前只有一種型別的 Visitor。但在 **VISITOR** 模式中，Visitor 實際上是一個抽象類別。

```cpp
class Visitor {
public:
    virtual ~Visitor() { }

    virtual void visit(File*) = 0;
    virtual void visit(Directory*) = 0;
    virtual void visit(Link*) = 0;

protected:
    Visitor();
    Visitor(const Visitor&);
};
```

我們為每一個新功能從 Visitor 衍生出一個子類別，並根據每種可存取節點的型別來實作相對應的 visit 方法。例如，CatVisitor 子類別會像前面所講的那樣實作所有的方法。我們還可以定義 SuffixPrinterVisitor，用它來為節點列印正確的後綴：

```cpp
class SuffixPrinterVisitor : public Visitor {
public:
    SuffixPrinterVisitor() { }
    virtual ~SuffixPrinterVisitor() { }

    virtual void visit(File*)      { }
    virtual void visit(Directory*) { cout << "/"; }
    virtual void visit(Link*)      { cout << "@"; }
};
```

我們可以在實作 ls 命令的客戶端程式碼中使用 SuffixPrinterVisitor：

```
void Client::ls (Node* n) {
    SuffixPrinterVisitor suffixPrinter;
    Node* child;

    for (int i=0; child = n->getChild(i); ++i) {
        cout << child->getName();
        child->accept(suffixPrinter);
        cout << endl;
    }
}
```

一旦給 Node 類別增加了 accept(Visitor&) 方法，我們就獲得了對節點的存取權。此後無論我們要給 Visitor 定義多少個子類別，我們都再也不需要修改 Node 類別及其衍生類別了。

之前我們使用了函數多載（overload），這樣 Visitor 的方法就可以使用相同的名稱。另一種可選擇的作法是將節點的型別訊息嵌入到 visit 方法的名稱中。

```
class Visitor {
public:
    virtual ~Visitor() { }

    virtual void visitFile(File*) = 0;
    virtual void visitDirectory(Directory*) = 0;
    virtual void visitLink(Link*) = 0;

protected:
    Visitor();
    Visitor(const Visitor&);
};
```

對這些方法的呼叫會變得更清晰一點，也更冗長一點。

```
void File::accept (Visitor& v)      { v.visitFile(this); }
void Directory::accept (Visitor& v) { v.visitDirectory(this); }
void Link::accept (Visitor& v)      { v.visitLink(this); }
```

如果存在一種合理的預設處理方法，而且 Visitor 的子類別往往只覆寫
（override）所有方法中的一小部分，那麼這種做法還有另一個顯著的好處。當
我們使用多載時，子類別必須覆寫所有的函數，否則我們常常使用的 C++編譯
器可能會抱怨我們對虛擬多載函數的選擇性覆寫隱藏了基底類別中的一個或多
個方法。當我們給 Visitor 方法以不同的名稱命名時，我們就避開了這個問
題。然後子類別就可以重新定義方法的一個子集，而不會受到 C++編譯器的限
制。

基底類別的各個方法可以為每種型別的節點實作預設處理方法。當預設處理方
法適用於兩種或多種型別時，我們可以把公用的功能放到一個「全能」
（catch-all）的 visitNode(Node*)方法中，供其他方法在預設情況下呼叫。

```cpp
void Visitor::visitNode (Node* n) {
    // common default behavior
}

void Visitor::visitFile (File* f) {
    Visitor::visitNode(f);
}

void Visitor::visitDirectory (Directory* d) {
    Visitor::visitNode(d);
}

void Visitor::visitLink (Link* l) {
    Visitor::visitNode(l);
}
```

2.5 關於 VISITOR 的一些警告

在使用 VISITOR 模式之前，有兩件事需要考慮。

首先問一下自己，被存取的類別層次結構是否穩定？就我們的例子來說，我們
是否會經常定義新的 Node 子類別，還是說這種情況很少見？增加一種新的
Node 類別可能會迫使我們僅僅為了增加一個相對應的 visit 方法而修改
Visitor 類別層次結構中所有的類別。

如果所有的 visitor 對於新的子類別都不感興趣，而且我們已經定義了一個與 visitNode 等價的方法來對於預設情況進行合理的處理，那麼就不存在問題。但如果只有一種型別的 visitor 對新的子類別感興趣，那麼我們至少必須對該 visitor 和 Visitor 基底類別進行修改。此外，在這樣的情況下，進行多處修改很可能是不可避免的。如果我們沒有使用 **VISITOR** 模式，而是把所有功能都塞到了 Node 類別層次結構中，那麼可能我們最終也要對 Node 類別層次結構進行多處修改。

我們要考慮到的第二點是，**VISITOR** 模式在 Visitor 和 Node 類別層次結構之間建立了一個循環依賴關係。因此，對任一個基底類別的介面進行修改，都很可能會促使編譯器對這兩個類別層次結構進行重新編譯。當然，和修改一個大雜燴基底類別相比，這可能也差不到哪裡去。但在一般情況下，我們希望避免這樣的依賴關係。

※　※　using 的運用　※　※

下面是 Kevlin Henney [Henney96]的一些相關見解：

> C++多載機制並沒有強迫我們必須多載 visit 的所有版本，或者必須放棄多載 visit 成員。
>
> using 宣告不僅用來支援名稱空間的概念，它還允許我們把基底類別中的名稱注入到當前類別中來幫助多載。

```
class NewVisitor : public Visitor {
public:
    using Visitor::visit;   // pull in all visit functions for overloading

    virtual void visit(Subject*);   // override Subject* variant
};
```

> 這種作法不僅保持了多載所提供的規整性，還可以防止擴散。它不會強迫使用者去記住[visit]系列函數用了哪些名稱或用了什麼命名約定。這種作法使我們能在新版本中對 Visitor 進行修改，同時不會對客戶端程式碼產生影響。

※　※　　安全性　　※　※

我們已經運用了兩種模式（即 COMPOSITE 模式和 PROXY 模式）來定義檔案系統結構，還運用了一種模式以一種無擴散的方式（即添加程式碼而不是修改程式碼）來引入新功能。其中蘊含了一條很好的物件導向設計原則，也許是老生常談，但卻值得一提：在不修改已有程式碼的前提下改變一個系統的行為，可以使系統達到最佳的靈活性和可維護性。如果別人使用了你的軟體之後，你仍然能夠這樣說，那麼恭喜你——你已經兌現了物件程式設計的諸多承諾！

扯遠了。我們的檔案系統的另一個主要設計問題與「安全性」有關。它至少有兩個相關的子問題：

1. 對檔案系統進行保護，使之避免遭到無意或惡意的破壞。

2. 在面臨硬體和軟體故障時，依然能夠維護檔案系統的完整性。

在此，我們將集中討論第一個子問題，第二個子問題留給讀者作為練習（如果有誰願意接受這個挑戰，我將很樂意為他的解決方案評分）。

2.6　單使用者檔案系統的保護

經常使用電腦的人大多有遺失重要資料的慘痛經驗，起因可能只是一個意外的語法錯誤，也可能是滑鼠點偏了，或者只是深夜腦子突然打結。在正確的時間刪除一個錯誤的檔案是一種常見的災難。另一種情況則是無意的編輯——在不經意的情況下修改了一個不應該修改的檔案。雖然一個高級檔案系統具備取消功能，可以從這些不幸的事件中恢復，但通常我們更希望防患於未然。可悲的是，大多數檔案系統給我們另一種不同的選擇：預防或後悔[6]。

目前我們將集中精力來討論對於檔案系統物件（即節點）的刪除和修改進行保護。之所以考慮保護，是因為它與程式設計介面有直接的聯繫，與使用者介面並沒有直接的聯繫。我們不需要為兩者的區別擔心，因為我們設計程式時使用的抽象與使用者級的抽象有著緊密聯繫。另外，我們假設所使用的檔案系統是

---

[6]　[譯者注] 這是與高級檔案系統的「預防或取消」的對比。

一個單使用者檔案系統，這和一台標準的、不具備網路功能的個人電腦（與之對比的是多使用者電腦系統，例如 Unix）所使用的檔案系統相似。這樣在設計的初期會比較簡單。稍後我們將考慮實作多使用者檔案系統的保護。

檔案系統的所有元素（包括檔案、目錄和捷徑）都繼承自 Node 介面，該介面包括下列方法[7]：

```
const string& getName();
const Protection& getProtection();

void setName(const string&);
void setProtection(const Protection&);

void streamIn(istream&);
void streamOut(ostream&);

Node* getChild(int);

void adopt(Node*);
void orphan(Node*);
```

除了 getProtection 之外，我們已經對這些方法進行了大量的討論。從表面上來看，getProtection 是用來獲取一個節點的保護訊息，但我們還不清楚這到底意味著什麼。我們討論的保護是何種類型的保護？

如果我們保護節點的目的是為了使它們免遭意外的修改或刪除，那麼我們只需要寫入保護就夠了──也就是說，節點要就是可寫的，不然就是不可寫的。如果我們想進一步保護節點，使別人不能偷看它們，那麼我們還應該讓節點變成不可讀的。當然，這只能使它們避免被無知的人──不知道怎麼修改節點保護屬性的人──偷看。如果不希望老婆或孩子存取某些節點，那麼讀取保護可能會有用，但它並非不可或缺。在多使用者環境中，讀取保護會更顯得重要。

讓我們來概括一下，我們知道節點可以是可讀的或不可讀的，可以是可寫的或不可寫的。大多數檔案系統有著更多的保護模式，可用來控制可執行性、自動

---

[7]　請注意，我在其中為 getName 和 getProtection 加入了相對應的 set... 方法。它們執行的方法和我們的預期完全一樣。

存檔之類的事。像對於可讀性和可寫性的處理那樣，我們可以或多或少用相同的方法來處理這些保護模式。為了便於將問題釐清，我們的討論將只侷限在這兩種保護模式。

如果一個節點是不可讀或不可寫的，會對它的行為產生什麼影響？顯然，一個不可讀的檔案不應該洩漏它的內容，這也暗示了它不應該回應 streamOut 方法。另一點可能不太明顯，如果一個不可讀的節點有子節點的話，那麼還應該禁止客戶端存取它的子節點。因此，對於不可讀的節點來說，getChild 應該失效（disable）。如果一個節點是不可寫的，那麼它應該禁止使用者修改它的屬性和結構，因此 setName、streamIn、adopt 及 orphan 也應該失效。（在這一點上，對 setProtection 的處理要謹慎。後面涉及多使用者檔案系統的保護時，我們會更詳細討論這個問題）。

對一個不可寫的節點進行保護，使之無法被刪除，這對我們使用的程式語言提出了挑戰。舉個例子，客戶端不能像刪除其他物件那樣 delete 一個節點。C++編譯器可以幫助我們完成這樣的嘗試，但這並非是透過把一個節點定義為 const 來做到，因為節點的保護屬性在執行時會改變。

但相對的，我們可以對**解構函數進行保護**。與一個正常的公有解構函數的不同之處在於，如果把一個解構函數宣告為 protected，那麼在 Node 類別層次結構之外的類別中，delete 一個節點將是非法的[8]。對於解構函數進行保護的另一個好處是，它可以禁止在堆疊上建立區域的 Node 物件。這防止了一個不可寫的節點由於超出作用域而被自動刪除 —— 這種不一致性可能會是一個bug。

現在節點的解構函數是受保護的，那麼我們要如何（試圖）刪除一個節點呢？毫無疑問的一點是：我們最終要以待刪除的節點為參數，來呼叫某個方法。現在燃眉之急的問題是，誰來定義這個方法？這裡有三種可能性：

1. Node 類別（子類別可能會對該方法重新定義）；

8　但把解構函數宣告為 private 是不行的，因為那樣一來，類別就不能對解構函數進行擴展來刪除它們的子節點或它們包含的任何其他物件。

2. Node 類別層次之外的一個類別；

3. 一個全域函數。

我們可以立即排除第三種選擇，因為和在一個已有的類別中定義一個靜態成員函數相比，它根本沒有什麼優勢。在 Node 類別層次之外定義一個刪除方法看起來也不怎麼樣，因為它強迫我們把該方法所在的類別定義為 Node 的友誼類別。為什麼？因為如果一個節點恰好是可刪除的（即可寫入的），那麼我們必須呼叫它受保護的解構函數。從 Node 類別層次之外呼叫該解構函數的唯一方法，就是使刪除方法所在的類別成為 Node 的友誼類別。這種作法存在一個不好的副作用，因為它不僅暴露了 Node 的解構函數，而且還暴露了封裝在 Node 類別中的所有成員。

讓我們考慮第一種選擇：在 Node 基底類別中定義一個 destroy 方法。如果我們將 destroy 定義為 static 方法，那麼它必須在參數中接收一個 Node 實例；如果不將 destroy 定義為 static 方法，那麼它可以不接受任何參數，因為我們擁有隱含的 this 參數。在靜態成員函數、虛擬成員函數和非虛擬成員函數之間的選擇，最終可歸類成可擴展性和美學之間的選擇。

透過衍生子類別，我們可以對虛擬成員函數進行擴展。但是，有些人對於下面的語法感到一絲不安。

```
node->destroy();
```

雖然我不清楚其中的原因，但我打賭有些人看到下面的語句時會感到不寒而慄，是出於相同的原因：

```
delete this;
```

也許是因為它們的「自殺味」太濃了。靜態成員函數可以清除這個障礙，但子類別無法對函數進行修改。

```
Node::destroy(node);
```

同時，一個非虛擬成員函數無論是在擴展性還是美學方面，都是最差的。

讓我們來看看是否能夠魚與熊掌兼得 —— 既能享受靜態成員函數在語法上的優勢，又能允許子類別對 destroy 方法進行擴展。

先不管子類別想以何種方式擴展 destroy 方法，該方法的主要目的是什麼？看起來有兩件事情是不變的：destroy 必須檢查傳給它的節點是否可寫，如果是可寫的，destroy 就將之刪除。子類別可能想要對該方法進行擴展，來決定一個節點是否符合刪除的標準，或者對如何執行刪除方法進行修改。但不變的部分仍然保持不變。我們只是需要少許幫助，讓我們能夠以一種可擴展的方式來實作它們。

打開 TEMPLATE METHOD 模式，它目的部分是這樣的：

> 定義一個方法中演算法的框架，將其中的一些步驟留給子類別去實作。TEMPLATE METHOD 模式在不改變演算法結構的前提下，允許子類別對演算法的某些步驟重新定義。

根據該模式的時機部分的第一條，如果我們想一次性實作演算法中不變的部分，並將可變的部分留給子類別去實作，那麼 TEMPLATE METHOD 模式就可以適用。一個模板方法通常看起來如下所示：

```
void BaseClass::templateMethod () {
    // an invariant part goes here
    doSomething();      // a part subclasses can vary
    // another invariant part goes here
    doSomethingElse();  // another variable part
    // and so forth
}
```

BaseClass 透過定義 doSomething 和 doSomethingElse 方法來實作預設的行為，子類別可以對它們進行特殊化來執行不同的方法。在 TEMPLATE METHOD 模式中此類別方法被稱為**基本方法**（primitive operation），因為模板方法會把它們組合在一起來建立更高級的方法。

由於子類別必須能夠以多型的方式來對基本方法重新定義，因此它們應該被宣告為 virtual。TEMPLATE METHOD 模式建議我們在基本方法的名稱前面加上

「do-」前綴,這樣可以明確地標識出基本方法。由於基本方法在模板方法之外可能沒有什麼意義,因此為了防止客戶端程式碼直接去呼叫它們,我們還應該將它們宣告為 protected。

對於模板方法本身,TEMPLATE METHOD 模式建議我們將它宣告為非虛擬成員(在 Java 中為 final),以確保不變的部分保持不變。我們的實作比這還要更進一步:我們的候選模板方法 destroy 方法不僅是非虛擬的,而且是靜態的。雖然這並不意味著我們不能運用該模式,但它的確會影響到我們的實作。

在完成 destroy 之前,讓我們來設計一下基本方法。我們已經確定了該方法中不變的部分:檢查節點是否可寫,若可寫,則將之刪除。由此我們可以立即寫出下面的程式碼:

```
void Node::destroy (Node* node) {
    if (node->isWritable()) {
        delete node;

    } else {
        cerr << node->getName() << " cannot be deleted."
            << endl;
    }
}
```

isWritable 是一個基本方法[9],子類別可以對它重新定義來改變寫入保護的標準。基底類別既可以為 isWritable 提供一個預設的實作,也可以將之宣告為純虛擬函數,來強制子類別實作它:

```
class Node {
public:
    static void destroy(Node*);
    // ...
protected:
    virtual ~Node();
    virtual bool isWritable() = 0;
    // ...
};
```

---

[9]　這個名稱確實沒有遵守前面提到的規則,但 doIsWritable 實在是不合適。

將 isWritable 宣告為純虛擬函數避免了在抽象基底類別中保存「與保護有關的狀態」，但它同時阻止了子類別對「這些狀態」進行重用。

雖然 destroy 是靜態函數，而不是非虛擬函數，但它仍然能夠成為一個模板方法。這是因為它不需要參考 this，只需要把待執行的方法委託給傳入的 Node 實例。由於 destroy 是 Node 基底類別的成員，因此它能夠在不破壞封裝的前提下，呼叫受保護的方法，例如 isWritable 和 delete。

現在除了解構函數之外，destroy 只用到了一個基本方法。為了避免把錯誤訊息直接寫在基底類別中，我們應該增加另一個基本方法來讓子類別修改錯誤訊息：

```
void Node::destroy (Node* node) {
    if (node->isWritable()) {
        delete node;
    } else {
        node->doWarning(undeletableWarning);
    }
}
```

doWarning 對警告方法進行了抽象，它允許節點就**任何**問題給予使用者警告，而不僅僅是就無法刪除節點這個問題給予使用者警告。它可以非常複雜，它可以執行任何方法，包括列印一行字串到拋出一個例外。有了 doWarning 方法，就無須為我們能夠想到的每種情況定義基本方法了（例如 doUndeletable Warning、doUnwritableWarning、doThisThatOrTheOtherWarning 等）。

我們可以將 TEMPLATE METHOD 方法運用到 Node 的其他方法中，這些方法恰好不是靜態的。為此，我們引入了新的基本方法：

```
void Node::streamOut (ostream& out) {
    if (isReadable()) {
        doStreamOut(out);

    } else {
        doWarning(unreadableWarning);
    }
}
```

streamOut 和 destroy 這兩個模板方法的主要區別在於，streamOut 可以直接呼叫 Node 的各種方法。由於 destroy 不能參考 this，因此它無法直接呼叫 Node 的方法。這也是為什麼我們必須將待刪除的節點傳給 destroy 的原因，因為這樣它就可以把待執行的方法委託給節點的基本方法了。另外要記住的是，我們在把 streamOut 升級為模板方法的同時，記得要把它變成**非虛擬函數**。

※　※　不要呼叫我，我會呼叫你　※　※

TEMPLATE METHOD 模式導致了一種被稱為**好萊塢原理**的反向控制，也就是「不要呼叫我，我會呼叫你[10]」。子類別可以對演算法中可變的部分進行擴展或重新實作，但它們不能改變模板方法的控制流和其餘不變的部分。因此，當我們為 Node 類別定義一個新的子類別時，我們要考慮的不是控制流，而是責任——我們必須覆寫哪些方法、我們可以覆寫哪些方法，以及我們不能覆寫哪些方法。以模板方法的形式來組織我們的方法，使得這些責任變得更加明確。

好萊塢原理非常有意思，因為它是理解框架的關鍵之一。它讓框架將體系結構和實作細節中不變的部分記錄下來，而將可變的部分交給與應用程式相關的子類別。

有些人不太適應框架（framework）程式設計，反向控制（Inversion of control）就是其中的原因之一。當我們以程序式的方式來編寫程式碼時，我們會在極大程度上關注控制流。對於一個程序式的程式設計（Procedural programming）來說，即使它對函數的分解無可挑剔，但如果我們不瞭解其中的奧妙，那麼很難想像我們能夠理解整個程式。但一個好的框架會把控制流的細節抽象出來，這樣我們最終要加以關注的是物件。相較之下，這種方式從一方面來看比控制流更容易理解，但從另一方面來看也比控制流更不容易理解。我們必須從物件的職責和協作方面來考慮。它從一個更高的層次來看整個系統，它的視角更側重於做什麼而不是怎麼做，它具備更大的潛在作用力和靈活性。與框架相比，

10　[譯者注] 英文「Don't call us, we'll call you.」的意思是：「不要打電話給我們，我們會打電話給你。」此處的「call」一語雙關，既指好萊塢原理中的打電話，又指軟體中的函數呼叫。

TEMPLATE METHOD 模式在一個較小的規模上 —— 方法級別上而不是物件級別上 —— 提供了這些好處。

2.7　多使用者檔案系統的保護

我們已經討論了如何讓我們在設計的檔案系統中，添加簡單的單使用者保護。前面提到我們會將這個概念擴展到多使用者環境，在這個環境中，許多使用者共享同一個檔案系統。無論是配以中樞檔案系統的傳統分時系統，還是現代的網路檔案系統，對於多使用者的支援都是不可或缺的。即便是那些只為單使用者環境所設計的個人電腦作業系統（如 OS/2 和 Windows NT），也都已經改為支援多使用者。無論是什麼情況，多使用者支援對於檔案系統保護這個問題，增加了難度。

我們將再次採用最簡易的設計思維，仿效 Unix 系統的多使用者保護機制。Unix 檔案系統中的一個節點是與一個「使用者」相關聯的。在預設的情況下，一個節點的使用者就是建立該節點的人。從節點的角度來看，這種關聯把所有使用者分為兩大類：該節點的使用者，以及其餘所有的人。用標準的 Unix 術語來說，「其餘所有的人」就是 other[11]。

透過對一個節點的使用者和其他人進行區分，我們可以給每種類型分別指定保護級別。例如，如果一個檔案對它的使用者是可讀的，但對其他人是不可讀的，那麼我們說該檔案是「使用者可讀的」但「其他人不可讀的」。對寫入保護和可能會提供的其他保護模式（如擴展性、自動存檔等）來說，它們的工作方式與此相似。

使用者必須有一個登錄名稱，無論是對系統還是對其他使用者來說，這個登錄名稱都唯一標識了該使用者。雖然在現實中一個人可以有多個登錄名稱，但對系統來說，「使用者」和「登錄名稱」是不可分割的。重要的是要保證一個人不能將自己與任何不屬於他的登錄名稱（假設他有一個登錄名稱）相關聯。這就是為什麼我們在登錄到 Unix 系統時，不僅需要提供登錄名稱，而且還要提供

---

[11]　Unix 使用者應該很快就能指出還存在第三種類型，即「group」。我們稍後會考慮它。

密碼來驗證身份的原因。這個過程被稱為身份驗證。Unix 不遺餘力地對偽裝加以防範，這是因為冒名頂替者能夠存取「合法使用者能夠存取的任何東西」。

現在可以討論具體的細節了。我們該如何對使用者進行建模？身為物件導向的開發人員，答案很明顯：使用物件。每個物件都有一個類別，因此我們要定義一個 User 類別。

我們現在需要考慮 User 類別的介面。客戶端程式碼能夠用 User 物件做什麼呢？事實上，在目前階段更重要的是，客戶端程式碼不能用 User 物件做什麼。特別是，我們不應該允許客戶端程式碼隨意建立 User 物件。

為了理解其中的原因，讓我們假設 User 物件和登錄名稱之間存在一對一的映對。（雖然我們可以允許一個登錄名稱擁有多個 User 物件，但目前這樣的需求尚不明確。）進一步假設一個 User 物件必須有一個合法的登錄名稱與之相關聯。這個假設是合理的，因為從系統的角度而言，沒有登錄名稱的使用者是沒有意義的。

最後，如果客戶端沒有同時提供登錄名稱和密碼，那麼我們不能讓他們建立 User 物件。否則，一個惡意程式只需要用相對應的登錄名稱來建立 User 物件，就可以存取機密的檔案和目錄了。

一個 User 物件的存在代表了一次身份驗證。於是很明顯，我們必須對建立 User 物件實例的過程嚴加控制。如果應用程式提供了錯誤的登錄名稱或密碼，那麼建立 User 物件實例的嘗試就應該失敗，而且同時不會產生不完整的 User 物件，也就是那些由於建立時因缺乏必要訊息而導致無法正常使用的 User 物件。這幾乎排除了我們用傳統的 C++ 建構函數來建立 User 實例的可能性。

我們需要一種安全的方法來建立 User 物件，在客戶端程式碼使用的介面中，這種方法不應該涉及建構函數。在此，「安全」的意思是，客戶端程式碼應該無法透過任何不正當的方式來建立 User 物件的實例。那麼我們要如何用物件導向的術語，來描述這樣的安全性呢？

讓我們考慮一下物件導向概念的三個基本要素：繼承、封裝和多型。其中與安全性最相關的非封裝莫屬。事實上，封裝是安全性的一種形式。根據定義，客戶端程式碼肯定是無法存取封裝後的程式碼和資料的[12]。那麼在我們的例子中我們想要封裝什麼呢？至少應該包括整個身份驗證的過程，這個過程以使用者的輸入為開始，到 User 物件的建立為終止。

我們已經找到了問題。現在我們需要尋找一個解決方案，並用物件來把這個解決方案表達出來。也許現在是參考一些模式的時候了。

此時此刻，我承認在模式的選擇上，我們還沒有什麼指導方法。但我們知道物件的建立和封裝都是非常重要的部分。為了縮小搜索的範圍，《設計模式》根據每個模式的目的將它們分為三組：生成模式、結構模式以及行為模式。其中生成模式看起來和我們的問題聯繫最緊密：ABSTRACT FACTORY、BUILDER、FACTORY METHOD、PROTOTYPE 以及 SINGLETON。因為一共只有 5 個模式，所以我們可以先快速瀏覽每個模式，看是否能從中找到一個合適的模式。

ABSTRACT FACTORY 關注的是建立一系列的物件而無需指定具體的類別。這很好，但我們的設計問題並沒有涉及到一系列物件，而且我們也不反對建立具體的類別（即 User 類別）的實例。因此我們排除了 ABSTRACT FACTORY。下一個是 BUILDER，它關心的是建立複雜的物件。它讓我們使用相同的一些步驟來建構物件，而這些物件具有不同的表現形式，這和我們的問題沒有太大的關係。除了沒有強調對系列的支援，FACTORY METHOD 的目的與 ABSTRACT FACTORY 相似，因此它和我們的問題也沒有很緊密的關係。

PROTOTYPE 怎麼樣呢？它把待建立物件實例的型別放到參數中。這樣我們就可以用一個實例（這個實例在執行時是可以替換的）作為原型，並呼叫它的 copy 方法來建立新的實例，而無需使用 new 指令和類別名稱（在執行時是無法改變

---

[12] Doug Schmidt 正確地指出，在 C++中這樣的定義是難以透過任何強制性的方法實作的 [Schmidt96a]。例如，只要用一條簡單的#define 語句來把 private 定義為 public，我們就可以讓所有私有成員變成公有成員。避免這種篡改的一種方法是根本不在標頭檔案中定義成員變數。相反地，我們把成員變數和其他機密的實作細節定義在另一個單獨的、不公開的標頭檔案中。一個與此緊密相關的模式是 BRIDGE，但這部分內容已經超出了這個註腳所允許的篇幅。

的）來建立新的實例。如果要改變被實例化的物件類別，只需用一個不同的實例作為原型即可。

但這也不對。因為我們的興趣並不在於改變要建立什麼物件，而是在於對客戶端程式碼如何建立 User 物件加以控制。由於任何人都可以對原型進行複製，因此和原始的建構函數相比，我們沒有獲得更多的控制權。此外，在系統中保持一個 User 物件作為原型，會對我們的身份驗證模型產生危害。

剩下的只有 SINGLETON 了。它的目的是確保每個類別只有一個實例，並提供一個全域存取點來存取該實例。該模式規定了一個名為 Instance 的靜態成員函數，該函數不帶任何參數，它會回傳這個類別的唯一實例。為了防止客戶端程式碼直接使用建構函數，因此所有的建構函數都是受保護的。

乍看之下，這似乎也不怎麼適用——一個程式可能需要一個以上的 User 物件，不是嗎？但即便我們不想把實例的數量限制為只有一個，我們仍確實想禁止每個使用者擁有一個以上的實例。無論是哪種情況，我們都要對實例的數量加以限制。

因此，SINGLETON 可能還是適用的。再仔細看一下 SINGLETON 的效果部分，我們發現了以下的描述：

> [SINGLETON] 允許實例的數量是可變的。該模式讓我們能夠非常容易改變想法來允許 Singleton 類別有一個以上的實例。此外，我們還可以用相同的方法，來對應用程式使用的實例數量加以控制。只有那個有權存取 Singleton 實例的[Instance]方法才需要修改。

就是它了！我們的情況正是 SINGLETON 模式的一個變體，我們可以將 Instance 方法重新命名為 logIn 並給它指定一些參數：

```cpp
static const User* User::logIn(
    const string& loginName, const string& password
);
```

logIn 確保只為每一個登錄名稱建立一個實例。為了達到這個目的，User 類別可能會維持一個私有的靜態雜湊表，該雜湊表以登錄名稱作為索引，用來保存 User 物件。logIn 在這個雜湊表中尋找 loginName 參數。如果找到了對應的 User 項目，那麼就回傳該項目，否則 logIn 就執行下面的方法：

1. 建立一個新的 User 物件，透過密碼來進行身份驗證。

2. 在雜湊表中登記該 User 物件，以便今後存取。

3. 回傳該 User 物件。

下面對於 User::logIn 方法的屬性，進行了總結：

❑ 可以在應用程式的任何地方存取它。

❑ 它防止使用者為每個登錄名稱建立一個以上的實例。

❑ 與建構函數不同的是，如果登錄名稱或密碼不正確，那麼它會回傳 0。

❑ 應用程式不能透過從 User 衍生子類別的方式來修改 logIn。

必須承認的是，這是對 SINGLETON 模式的一種非正規應用。客戶端程式碼能夠建立一個以上的 User 實例，這意味著我們並未嚴格遵循該模式的目的。但是，我們確實要對於實例的數量進行控制，而該模式對此也提供了支援。我們都明白，模式並不代表唯一的解決方案。一個好的模式不僅僅只是對一個問題的解決方案進行描述，它還給了我們洞察力和理解力，進而能夠對於解決方案進行修改，使之符合我們自己的情況。

即便如此，SINGLETON 並沒有告訴我們一切。例如，由於我們已經提供了 logIn 方法，因此如果客戶端程式碼期望我們提供一個對應的 logOut 方法來讓使用者登出系統，那將是個合理的要求。logOut 會引出一些重要的問題，這些問題與 Singleton 物件的記憶體管理有關。然而奇怪的是，SINGLETON 模式對於這些問題卻隻字未提。我們將在第 3 章就這些問題展開討論。

※　※　如何使用 User 物件　※　※

下一個問題：客戶端程式碼要如何使用 User 物件？為了找到答案，讓我們先來看一些使用案例。

首先，考慮登錄的過程。假設當使用者想要存取系統（或者至少是系統中受保護的部分）時，系統會執行一個登錄程式。登錄程式會呼叫 User::logIn 來得到一個 User 物件。然後登錄程式透過某種方式，讓其他應用程式能夠存取該 User 物件，這樣該使用者就不必再次登錄了。

其次，讓我們考慮一個應用程式如何存取一個幾天前建立的檔案，該檔案的建立者的登錄名稱為「johnny」。假設這個應用程式的使用者登錄名稱為「mom」，並且該檔案是使用者可讀但其他人不可讀的。因此，系統不應該允許「mom」存取該檔案。在單使用者系統中，應用程式透過呼叫 streamOut 方法，並在參數中傳入一個串流，來要求得到檔案的內容。

```
void streamOut(ostream&);
```

我們希望這個呼叫在多使用者的情況下最好保持不變，但它的參數中，並未包含一個參數「用以代表正在存取該檔案的使用者的參考」。缺少了這個參考，系統將無法確保使用者具有存取檔案的權限。我們要就是將這個參考在參數中顯式地傳入。

```
void streamout(ostream&, const User*);
```

不然就是透過登錄過程隱式地得到這個參考。在大多數的情況下，應用程式會在整個生命週期中代表唯一的一個使用者。在這種情況下，需要不停地在參數中提供 User 物件是很煩人的。但是，一個協作式的應用程式可供多個使用者使用，這很容易想像而且很合理。在這種情況下，給每個方法指定 User 物件是必須的。

因此，我們需要給 Node 介面中的每個方法增加一個 const User*參數──但同時不應該強迫客戶端程式碼必須提供該參數。預設參數所提供的靈活性讓我們能夠得體地處理這兩種情況。

```
const string& getName(const User* = 0);
const Protection& getProtection(const User* = 0);

void setName(const string&, const User* = 0);
void setProtection(const Protection&, const User* = 0);

void streamIn(istream&, const User* = 0);
void streamOut(ostream&, const User* = 0);

Node* getChild(int, const User* = 0);
void adopt(Node*, const User* = 0);
void orphan(Node*, const User* = 0);
```

在一般情況下，使用者是隱式的，我們需要一個全域可存取的方法來得到這個唯一的 User 實例。這就是 Singleton，但為了靈活性，我們還應該允許應用程式設置 Singleton 實例。因此，我們不使用唯一的 User::Instance 靜態方法，而是使用下面的 get 和 set 靜態方法。

```
static const User* User::getUser();
static void User::setUser(const User*);
```

setUser 讓應用程式將隱式的使用者設置為 const User*，當然這個 const User*應該是透過正當手段得到的。現在登錄程式可以呼叫 setUser 來設置全域的 User 實例了，因為其他應用程式也應該使用該實例[13]。

```
extern const int maxTries;
// ...
const User* user = 0;

for (int i=0; i< maxTries; ++i) {
    if (user = User::logIn(loginName, password)) {
        break;
    } else {
        cerr << "Log-in invalid!" << endl;
    }
}

if (user) {
    User::setUser(user);
```

---

[13] 這意味著 User 物件被存放在共享記憶體中，或者可以在程式之間傳遞。誠然，這是一個非常重要的細節，但它的實作既不會影響我們已經定義的介面，也不會影響我們採用的方法。

```
    } else {
        // too many unsuccessful log-in attempts;
        // lock this login name out!
        // ...
    }
```

到目前為止，一切都很容易理解。但我一直在迴避一個簡單的問題：以上這些是如何對 streamOut 和 Node 介面中的其他模板方法的實作產生影響的？或者更直接一點，它們如何使用 User 物件？

與單使用者的設計相比，關鍵的區別並不在於模板方法本身，而在於回傳型別為布林值的基本方法。例如，streamOut 變成了如下所示：

```
void Node::streamOut (ostream& out, const User* u) {
    User* user = u ? u : User::getUser();

    if (isReadableBy(user)) {
        doStreamOut(out);

    } else {
        doWarning(unreadableWarning);
    }
}
```

在第二行我們可以看到一個明顯的區別。如果參數中指定了使用者，那麼區域變數 user 會被初始化為指定的使用者，如果參數中沒有指定使用者，那麼 user 會被初始化為預設的 User 物件。但更為顯著的區別是在第三行，其中 isReadableBy 取代了 isReadable。isReadableBy 根據儲存在節點中的訊息，檢查該節點是使用者可讀還是其他人可讀的。

```
bool Node::isReadableBy (const User* user) {
    bool isOwner = user->owns(this);

    return
        isOwner && isUserReadable() ||
        !isOwner && isOtherReadable();
}
```

isReadableBy 揭示了對 User::owns 的需求——這個方法檢查 User 物件中的登錄名稱以及與節點相關聯的登錄名稱。如果兩者的值相同，那麼該使用者擁有節點。owns 方法需要一個介面來從節點獲取登錄名稱。

```
const string& Node::getLoginName();
```

節點也需要 isUserReadable 和 isOtherReadable 之類的基本方法，這些方法就使用者和其他人是否能夠讀寫節點提供了更詳細的訊息。Node 基底類別可以在物件成員中保存一些標記，並將這些方法簡單地實作為對這些標記的存取，或者也可以將此類別與儲存有關的細節交給子類別去處理。

※　　※　　**群組分享**　　※　　※

我們已經討論足夠多的細節，現在讓我們重新回到設計層面。

讀者應該還記得我們把世界一分為二 —— 使用者和其他人。但這樣做或許有些過於極端。舉例來說，如果我們正在和一些同事開發一個專案，那麼我們很可能想要存取彼此的檔案。我們可能還要對檔案進行保護，使開發組之外的人員無法窺探它們。這正是 UNIX 提供了第三種類型（即 group）的原因之一。一個 group 是經過命名的一組登錄名稱。使節點成為群組可讀（group-readable）或群組可寫（group-writable），使我們能夠對存取權限進行精細的控制，對於需要相互協作的工作環境來說，這樣的控制才能夠滿足要求。

要在設計中加入群組的概念，我們需要瞭解哪些訊息？我們知道兩條訊息。

1. 一個群組有零個或多個使用者。
2. 一個使用者可以是零個或多個群組的成員。

第二條意味著應該使用參考，而不應該使用聚合，因為刪除一個群組並不會刪除其中包含的使用者。

根據我們對群組的理解，用物件來表示它們再合適不過了。問題是，我們是要定義一個新的類別層次，還是只對已有的類別層次進行擴展呢？

我肯定 User 類別是唯一適合擴展的候選類別。另一種選擇是將 Group 類別定義為某一種類型的 Node，這種選擇既沒有意義也沒有用處。因此讓我們來思考一下 Group 和 User 之間的繼承關係，會給我們帶來什麼。

我們已經熟悉了 COMPOSITE 模式。它描述了葉節點（如 File）和複合節點（如 Directory）之間的遞迴關係。它給所有的節點一個完全相同的介面，這樣我們不但能以統一的方式來處理它們，還能以層級的形式來組織它們。也許我們想要的是使用者和群組之間的複合關係：User 是 Leaf 類別，而 Group 是 Composite 類別。

讓我們再來回顧一下 COMPOSITE 模式的時機部分，其中提到該模式適用於下面的情況：

❑ 我們想要表示一個「部分一整體」的物件層次結構。

❑ 我們想讓客戶端程式碼忽略複合物件和個體物件之間的區別。客戶端程式碼將以統一的方式來處理複合結構中的所有物件。

根據這些標準，我們可以確信 COMPOSITE 模式並不適用。下面三條就是原因：

❑ 類別之間的關係並不是遞迴的。由於 Unix 檔案系統不允許一個群組裡包含其他的群組，因此我們不需要這樣的支援。僅僅因為該模式指定了遞迴關係，並不代表我們的應用程式就一定需要用到這種關係。

❑ 一個使用者可能隸屬多個群組。因此類別之間的關係並不是嚴格定義上的層次結構。

❑ 以一致的方式來處理使用者和群組是有問題的。用一個群組來登錄是什麼意思？用一個群組來進行身份驗證又是什麼意思？

這三條原因反駁了 User 和 Group 之間的複合關係。但由於系統必須記錄哪些使用者隸屬於哪些群組，因此我們仍需要在使用者和群組之間建立某種關聯。

事實上，為了得到最佳的效能，我們需要雙向映對。系統中使用者的數量很可能要比群組的數量多得多，因此系統必須能夠在不檢查每個使用者的前提下，

確定一個群組中的所有使用者。尋找一個使用者隸屬的所有群組也同樣重要，因為這可以讓系統更快地檢查使用者是否隸屬於某個群組。

想要實作雙向映對，一個顯而易見的方法是給 Group 和 User 類別增加集合：在 Group 類別中加入一個節點集合，在 User 類別中加入一個群組集合。但這種方法有兩個嚴重的缺點：

1. 映對關係難以修改。我們至少必須修改一個基底類別，甚至可能要修改兩個基底類別。

2. 所有物件都必須承擔集合的時間花費。不包含任何使用者的群組需承擔集合的時間花費，不屬於任何群組的使用者也需承擔集合的時間花費。即使在時間花費最小的情況下，每個物件仍然需要額外儲存一個指標。

群組和使用者之間的映對不僅複雜，而且可能發生變化。上面這個顯而易見的作法將管理和維護映對的職責分散了，進而導致了剛才提到的缺點。有一個不太顯而易見的作法可以避免這些缺點，那就是將職責**集中起來**。

MEDIATOR 模式將物件間的互動升格為完整的物件狀態。透過不讓物件顯式地相互參考，它促進了鬆耦合，進而讓我們能夠單獨改變物件之間的互動，同時無需改變物件本身。

圖 2-5 是在應用該模式之前的典型情況。有許多彼此互動的物件（該模式將它們統稱為 colleague），每一個 colleague 都直接參考了（幾乎所有的）其他的 colleague。

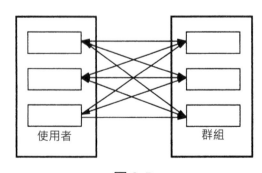

圖 2-5

圖 2-6 所示是應用該模式後的結果。

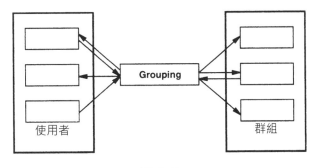

圖 2-6

該模式的核心是一個 Mediator 物件,它對應於第二張圖中的 Grouping 物件。
各 colleague 之間沒有顯式地相互參考,而是參考了 mediator。

在我們的檔案系統中,Grouping 物件定義了使用者和群組之間的雙向映對。
為了使映對易於修改,該模式為所有的 Mediator 物件定義了一個抽象基底類
別,我們可以從這個基底類別衍生與映對有關的子類別。下面是 Grouping
(mediator)提供的一個簡單介面,該介面讓客戶端程式碼實作使用者與群組
之間的註冊和註銷方法。

```
class Grouping {
public:
    virtual void ~Grouping();

    static const Grouping* getGrouping();
    static void setGrouping(const Grouping*, const User* = 0);

    virtual void register(
        const User*, const Group*, const User* = 0
    ) = 0;

    virtual void unregister(
        const User*, const Group*, const User* = 0
    ) = 0;

    virtual const Group* getGroup(
        const string& loginName, int index = 0
```

```
        ) = 0;

        virtual const string& getUser(
            const Group*, int index = 0
        ) = 0;

    protected:
        Grouping();
        Grouping(const Grouping&);
    };
```

在這個介面中，第一個要注意的地方是靜態的 get 和 set 方法，這兩個方法類似於我們將 SINGLETON 模式應用於 User 類別時定義的靜態方法。我們在此應用 SINGLETON 模式也是出於相同的原因：映對需要是全域可存取和可設置的。

透過在執行時替換 Grouping 物件，我們能夠一下子改變映對。例如，也許出於監管的目的，一個超級使用者能夠將映對重新定義。我們必須對修改映對的方法進行嚴密保護，這也是為什麼客戶端程式碼在呼叫 setGrouping 時必須傳入一個經過身份驗證的 const User*的原因。與此類似，在建立或解除映對關係時，傳給 register 和 unregister 方法的使用者參數也必須經過身份驗證。

最後兩個方法 getGroup 和 getUser 是用來得到相對應的群組和使用者。可選的索引參數為客戶端程式碼提供了一種便捷的方式來巡訪多個值。具體子類別可以給這些方法定義不同的實作。注意，這些方法並沒有直接用到 User 物件，而是用一個字串來表示相對應的登錄名稱。這使得任何客戶端程式碼即使無權存取某個 User 物件，仍然可以知道該使用者與哪些群組相關聯。

※ ※ 運用其他模式 ※ ※

MEDIATOR 模式的隱患之一是它有產生巨型 Mediator 類別的趨勢。由於 Mediator 類別封裝的互動可能非常複雜，因此它可能會成為一個難以維護和擴展的巨型類別。運用其他一些模式有助於預防這樣的可能性。例如，我們可以使用 TEMPLATE METHOD 來允許子類別對 mediator 的部分行為進行修改。STRATEGY 不僅能讓我們完成同樣的任務，而且還提供了更好的靈活性。

COMPOSITE 讓我們能夠以遞迴的形式，把一些較小的部分組合成一個 `mediator` 類別。

2.8　小結

我們已經將模式應用於檔案系統設計的各個層面。COMPOSITE 模式的貢獻在於定義了遞迴的樹狀結構，打造出了檔案系統的主幹。PROXY 對主幹進行了增強，使它支援了捷徑。VISITOR 為我們提供了一種手段，使我們能夠以一種得體的、非侵入性的方式來添加與型別相關的新功能。

TEMPLATE METHOD 在基本層面（即單人操作層面）為檔案系統的保護提供了支援。對於單使用者保護來說，我們只需要該模式就足夠了。但為了支援多使用者，我們還需要更多的抽象來支援登錄、使用者及群組。SINGLETON 在兩個層面為我們提供了幫助：對機密的登錄過程進行封裝和控制，以及建立了一個可以被系統中任何物件存取和替換的隱式使用者。最後，MEDIATOR 為我們提供了一種靈活和非侵入性的方式，來將使用者和它們隸屬的群組關聯起來。

圖 2-7 對我們使用的模式及代表這些模式的類別進行了總結。其中使用的表示方法是 Erich 多年前構想出來的，他稱之為「pattern:role 註解」。這種表示方法給每個類別附加一個深色註解框，其中包含了相關模式和參與者的名稱。為求簡潔，如果一個模式很顯而易見且沒有歧義，那麼圖中只會顯示參與者的名稱。透過連接線的數量控制，以及醒目的註解框，我們把混亂和干擾減到最少——類別結構和對模式的註解，看上去是位於兩個不同的平面上。由於有些標註是模式本身的一部分，故而被省略掉，因此這種表示方法實際上減少了連接線的數量。例如，請注意圖中省略了 Directory 和 Node 之間的聚合關係，因為它是 COMPOSITE 模式中內在的 Component-Composite 關係。

我發現 Erich 的表示方法具有高度的可讀性和伸縮性，而且提供了許多有用的訊息。如果將圖 2-7 和我自己的類別 Venn 圖[14]表示方法（參見圖 2-4）進行比

14　[譯者注] Venn diagram，在集合論中用圓圈代表運算的圖表，圓圈的位置和重疊表示集合與集合之間的關係。

較，那麼這一點就特別明顯。它唯一的缺點是灰色的背景在傳真時效果不太好，
因此傳真時請特別注意！

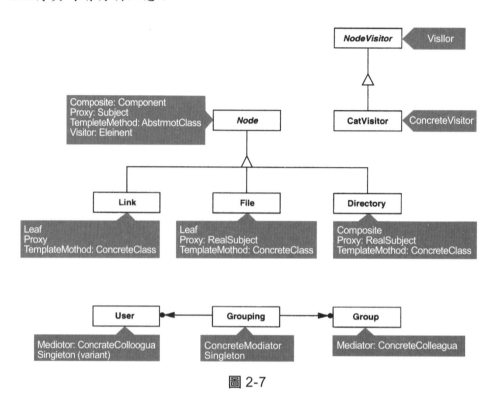

圖 2-7

第 3 章

主體和變體

本章將就原本的 GoF 模式，確切地說是 SINGLETON、OBSERVER、VISITOR 和
MEMENTO，提出一些新穎而深入的見解。本章還介紹了一個全新的模式，那
就是 GENERATION GAP。模式的發展永無止境，如果你需要一些有說服力的論
證，那麼本章的討論就是最好的證明。

3.1　終止 SINGLETON

SINGLETON 模式異乎尋常地簡單。它的目的如下：

> 確保一個類別只有一個實例，並提供一個全域存取點來存取該實例。

它還非常靈活。在檔案系統的設計中，SINGLETON 幫助我們對 User 物件的建
立過程進行了封裝，系統的使用者可以透過 User 物件來得到對自己檔案的存
取權，但無法得到對他人檔案的存取權。為了得到一個 User 物件，客戶端程
式碼只需呼叫靜態的 User::logIn 方法。

```
static const User* User::logIn(
    const string& loginName, const string& password
);
```

讀者應該還記得，這只不過是把 SINGLETON 的 Instance 靜態方法改頭換面。
在該模式的一般實作中，Instance 讓我們將 Singleton 類別（在此例中就是
User 類別）的實例數量限制為一個。但該模式的效果之一是，允許對實例的數
量進行控制，而不是武斷地阻止一個以上的實例。我們利用了這一點來阻止每

個使用者擁有不只一個的 User 實例。這樣，如果應用程式同時支援多個使用者，那麼它就可以建立多個實例而不受限制。

我提出的另一個問題是，該模式並未涉及刪除問題。誰來刪除 Singleton 實例呢？該如何刪除？何時進行刪除？在該模式中，「刪除」和「解構函數」的字眼從來沒有出現過。這是疏忽？還是有意省略？抑或是迴避難題？我希望能讓讀者相信不是後兩者。經過對該模式的觀察，我們得到了各種新發現，這些發現足以說明這個模式雖小，卻有著驚人的內涵。我們將就這些新發現進行深入的研究。

每個為自己行為負責的類別都應該定義一個解構函數，Singleton 類別同樣如此。如果打算從 Singleton 類別衍生子類別，那麼應該把解構函數定義為虛擬函數，這些都是 C++的基本知識。現在棘手的問題來了：應該把解構函數定義為公有的、私有的，還是受保護的？

「這有什麼關係？」讀者可能會問，「定義成公有的不就行了。」這意味著 Singleton 的解構是顯式進行的，也就是說，這是客戶端程式碼的責任。

對此，我們有合理的論點進行反駁。**SINGLETON** 模式將建立物件的責任完全放在 Singleton 類別中，客戶端程式碼透過這個類別得到一個 Singleton 的實例。如果客戶端程式碼在 Singleton 類別不知情的情況下，刪除了該實例，那麼此後 Singleton 類別回傳的將是「迷途指標」，也就是說指標所指向的物件已經不存在了。Singleton 的責任意味著它建立的實例為它所有，而所有權意味著要負責刪除。這一點與其他的生成模式相反，例如 **ABSTRACT FACTORY** 和 **FACTORY METHOD**，這些模式並不對它們所建立的實例保留所有權。

即便如此，如果下面兩點成立，我們也許仍然能夠僥倖使用一個公有解構函數：

1. 解構函數刪除靜態實例，並清理對該靜態實例的參考。這樣當 Instance 方法再次被呼叫時，它就會像第一次被呼叫時那樣執行。

2. 客戶端程式碼不保留對 Singleton 物件的參考。否則這些參考將會變成無關聯參考。

這些限制的苛刻程度，使得顯式解構只能適用於個別現象，而不能適用於普遍情況。

例如，在我們的檔案系統設計中，我們必須考慮如何以及何時刪除 User 物件。假設我們允許客戶端程式碼使用正常的 delete 指令來顯式地刪除 User 物件，我們甚至還可以提供一個靜態的 logOut 方法來和 logIn 方法相對應，這可以讓刪除方法變得更顯而易見（無論如何，用於刪除的介面本身並不重要）。但是，目前 User 類別沒有辦法知道哪些客戶端程式碼持有 User 物件的參考。因此如果我們把一個 User 物件刪除，那麼將導致客戶端程式碼持有的參考變成無關聯參考──這是完全不能接受的。

雖然我們可能需要某種機制來將使用者登出（例如出於記錄的目的），但是由於刪除方法有可能產生無關聯參考，因此它不能滿足登出機制的要求。換句話說，我們不應該把登出和刪除 User 物件混淆起來。無論我們選擇哪個介面來將使用者登出，它都不能牽涉到顯式地解構 User 物件。

這裡的目的是為了舉一個例子來排除公有解構函數。排除*私有*解構函數則要簡單得多：不管怎麼說，我們想要的是允許從 Singleton 類別衍生子類別。這就只剩一個選擇──受保護的解構函數。

現在再回到原本的問題：如何刪除 Singleton？

Singleton 物件存活的時間通常很長，它們經常存在於程式的整個生命週期中。我們刪除 Singleton 物件的主要目的，並不是為了回收記憶體，而是為了以一種有序的方式來關閉程式。我們可能想關閉檔案、解除對資源的鎖定、斷開網路連接等，而且不希望出現程式意外終止的情況（可以理解為程式崩潰）。如果我們的 Singleton 物件需要執行這類清理，那麼它們很可能需要等到程式終止之前才能執行。這是一種很好的特徵，因為它意味著 C++也許能為我們*隱式地*執行刪除方法。

C++會在程式終止之前自動刪除靜態物件。雖然 C++語言保證靜態物件的解構函數會被呼叫，佔用的記憶體會被回收，但是它並不保證呼叫的順序。讓我們暫且假設呼叫的順序無關緊要，也就是說程式中可能只有一個 Singleton，或

者各個 Singleton 的解構不相互依賴。這意味著我們可以像下面這樣定義
Singleton 類別。

```
class Singleton {
public:
    static Signleton* instance();
protected:
    Singleton();
    Singleton(const Singleton&);
    friend class SingletonDestroyer;
    virtual ~Singleton() { }
private:
    static Singleton* _instance;
    static SingletonDestoryer _destroyer;
};

Singleton* Singleton::_instance = 0;
SingletonDestroyer Singleton::_destroyer;

Singleton* Singleton::instance () {
    if (!_instance) {
        _instance = new Singleton;
        _destroyer.setSingleton(_instance);
    }
    return _instance;
}
```

SingletonDestroyer 類別的唯一目的就是對給定的 Singleton 物件進行解
構。

```
class SingletonDestroyer {
public:
    SingletonDestroyer(Singleton* = 0);
    ~SingletonDestroyer();

    void setSingleton(Singleton* s);
    Singleton* getSingleton();
private:
    Singleton* _singleton;
};

SingletonDestroyer::SingletonDestroyer (Singleton* s) {
    _singleton = s;
```

```
}

SingletonDestroyer::~SingletonDestroyer () {
    delete _singleton;
}

void SingletonDestroyer::setSingleton (Singleton* s) {
    _singleton = s;
}

Singleton* SingletonDestroyer::getSingleton () {
    return _singleton;
}
```

Singleton 類別宣告了一個靜態的 SingletonDestroyer 成員，該成員會在程式啟動時自動建立。當使用者第一次呼叫 Singleton::instance 時，該方法不僅會建立 Singleton 物件，而且會將這個物件傳給靜態的 SingletonDestroyer 物件，這實質上是將所有權移交給 SingletonDestroyer。當程式退出時，會自動銷毀 SingletonDestroyer 及其擁有的 Singleton 物件。現在，Singleton 的解構變成隱式的了。

這幾乎再簡單不過了。但請注意 Singleton 類別宣告中的 friend 關鍵字，我們需要這個關鍵字來讓 SingletonDestroyer 能夠存取 Singleton 的受保護解構函數。如果讀者對 friend 關鍵字比較反感，那麼肯定不喜歡這樣做。但是根據我們前面的討論，公有解構函數已經被排除在外，因此使用受保護的解構函數和 friend 關鍵字是必要的。這可能是對 friend 關鍵字最正當的使用方式了——它的目的是為了定義另一層保護，而不是為了繞開一個糟糕的設計。

為了最大限度地重用，特別是當程式中有多種 Singleton 時，我們可以定義一個模板（template），透過模板 Destroyer 類別[1]來節省打字的時間。

```
template <class DOOMED>
class Destroyer {
public:
    Destroyer(DOOMED* = 0);
    ~Destroyer();
```

---

[1]　標準化支持者會認出這就是標準庫中的 auto_ptr 模板類別，它過不了多久，就將出現在我們的程式設計環境中。

67

```cpp
        void setDoomed(DOOMED*);
        DOOMED* getDoomed();
private:
        // Prevent users from making copies of a
        // Destroyer to avoid double deletion:
        Destroyer(const Destroyer<DOOMED>&);
        void operator=(const Destroyer<DOOMED>&);
private:
        DOOMED* _doomed;
};

template <class DOOMED>
Destroyer<DOOMED>::Destroyer (DOOMED* d) {
        _doomed = d;
}

template <class DOOMED>
Destroyer<DOOMED>::~Destroyer () {
        delete _doomed;
}
template <class DOOMED>
void Destroyer<DOOMED>::setDoomed (DOOMED* d) {
        _doomed = d;
}

template <class DOOMED>
DOOMED* Destroyer<DOOMED>::getDoomed () {
        return _doomed;
}
```

有了它，我們就可以像下面這樣定義 Singleton。

```cpp
class Singleton {
public:
        static Singleton* instance();

protected:
        Singleton();
        Singleton(const Singleton&);

        friend class Destroyer<Singleton>;
        virtual ~Singleton() { }
```

```
private:
    static Destroyer<Singleton> _destoryer;
};

Destroyer<Singleton> Singleton::_destroyer;

Singleton* Singleton::instance() {
    if (!_instance) {
        _instance = new Singleton;
        _destroyer.setDoomed(_instance);
    }
    return _instance;
}
```

隱式解構有兩個潛在的問題。第一個問題是，如果需要在程式結束之前刪除
Singleton，那麼這種方法是用不上的。在這種情況下，很難想像有哪種作法
會不需要用到顯式解構。此外，我們還必須增加某種機制來將無關聯參考的問
題減到最低，或者強迫客戶端程式碼只能透過 Singleton::instance 方法來
存取 Singleton 實例。

強迫客戶端程式碼只能透過 Singleton::instance 方法來存取 Singleton 實
例的一種方法是：讓該方法回傳 Singleton 的參考，並將賦值指令（＝）和複
製建構函數宣告為私有，來禁止複製方法和初始化新的實例。

```
class Singleton {
public:
    static Singleton& instance();

protected:
    // ...

private:
    Singleton(const Singleton&);
    Singleton& operator=(const Singleton&);
    // ...
};
```

但是，這種方法並非萬無一失的，因為客戶端程式碼總是可以得到回傳實例的
位址，或者透過強制轉型來將這些保護去除。儘管如此，這個問題不太可能是

最主要的問題。因為我們前面已經指出過，SINGLETON 模式適用於生命週期很長的物件，所以顯式刪除可能不是一個普遍問題。

第二個問題更為棘手，當我們的程式中有多個 Singleton 物件，而且它們之間彼此相互依賴時，就會出現這個問題。在這種情況下，解構的順序可能變得非常重要。

考慮該檔案系統的設計，其中兩次運用了 SINGLETON 模式。第一次用來對 User 物件的數量進行控制，進而得到了 User 類別。第二次用來確保只有一個 Grouping 物件，這個類別定義了使用者和使用者所隸屬的群組之間的映對關係。該 Grouping 物件讓我們根據一組使用者來定義檔案保護，而不是為單個使用者來定義檔案保護。由於同時存在兩個以上的 Grouping 物件是不合理的（事實上是極其危險的），因此我們將 Grouping 類別設計為一個 Singleton。

Grouping 物件維護了對 User 物件和 Group 物件的參考。雖然它並不擁有 User 物件，但它可能會讓人覺得它擁有 Group 物件。無論是什麼情況，我都覺得應該在刪除 User 物件之前，先刪除 Grouping 物件。沒錯，這樣做之後可能就不會存在無關聯參考的問題了，因為 Grouping 物件不應該在它的解構函數中參考任何 User 物件。但話又說回來，沒有人能夠保證這一點。

我的意思只不過是：destroyer 方法依賴於一種沒有明確規定的語言實作機制，當解構順序不再是無關緊要時，這種方法就行不通了。如果應用程式用到了多個彼此相互依賴的 Singleton，那麼我們可能不得不退回到顯式解構的作法。有一點是肯定的：如果 Singleton 的解構函數彼此相互依賴，那麼就不能使用一個以上的 destroyer。

另一種作法是 Tim Peierls 告訴我的[Peierls96]。該作法完全避開了 destroyer，它依賴於尚處於草案階段的 atexit()函數（本書原文出版時）。

> 如果確實想要在程式的整個生命週期內只有一個實例，那麼我認為在 C++語言提供的 atexit()函數中進行清理是一種非常好的方法，除此之外別無它法。C++標準草案提供了許多承諾。

\$3.6.3，第 1 段說到：來自<cstdlib>的 atexit() 函數可以用來指定一個函數，這個函數會在程式退出時被呼叫。如果 atexit() 會被呼叫，那麼只有當 atexit() 中指定的函數已經執行完畢後，C++語言的實作才可以銷毀那些在 atexit() 呼叫之前就已初始化完畢的物件。

如果有一個靜態物件在一個 Singleton 實例的建構完成之後才初始化，也就是說透過某種其他的靜態初始化機制來初始化，而且它的解構函數依賴於該 Singleton 實例，那麼上述方法會失敗。這也是我所能想到的，唯一能讓這種方法失敗的情況。這意味著（有靜態實例的）類別在解構時應該避免依賴於 Singleton。（或者至少應該有一種方法，來讓這些類別在解構的過程中檢查它依賴的 Singleton 物件是否依然存在。）

雖然這排除了對 destroyer 的需求，但實際的問題（刪除彼此依賴的 Singleton）仍然存在。除了垃圾收集，誰還能想出更好的方法？

※　　※　　多執行緒的問題　　※　　※

很久以前，Scott Meyers 提出了下面的方法[Meyers95]：

我的（SINGLETON 版本）和你的非常相似，但它沒有將 Singleton 實例宣告為類別的靜態成員，並讓 instance 回傳指向該成員的指標，我是將實例宣告為函數中的區域靜態變數並讓 instance 回傳參考。

```
Singleton& singleton::instance () {
    static Singleton s;
    return s;
}
```

這種方法看起來具備你的方案所具備的所有優點（如果一個 Singleton 從未使用過，那麼就不會建構它，在編譯單元之間不存在初始化順序，等等），而且它允許使用者用物件語法來取代指標語

法。此外，我的方案不太會誤導呼叫者，讓他們為了避免記憶體洩漏
而不小心刪除一個 Singleton 物件。

是否還有一些我不知道的原因，使得我們應該讓 instance 回傳指
向類別靜態成員的指標，而不應該讓它回傳函數中區域靜態變數的參
考？

使用函數中區域靜態變數的唯一缺點是，由於 instance 函數建立的始終都是
Singleton 型別的物件，因此它讓使用者難以透過衍生子類別的方式來對
Singleton 類別進行擴展。（如果想瞭解更多與 Singleton 類別的擴展有關
的內容，請參見《設計模式》一書從第 130 頁開始的討論。）無論如何，如果
Singleton 類別的解構函數不是公有的，那麼我們就不必擔心使用者刪除
Singleton 實例的問題。雖然此後我也更偏愛回傳參考，但它最終看起來並沒
有什麼太大的區別（在單執行緒應用程式中）。

後來，Erich Gamma 注意到 Scott 的提議存在一個更嚴重的難題[Gamma95]。

事實上，如果有多個執行緒可以呼叫 instance 函數，那麼想讓它
（Scott 的提議）做到執行緒安全是不可能的。問題在於我們無法用「鎖」
來對（一些 C++編譯器生成的）內部資料結構進行保護。在這種情況
下，我們必須在呼叫 instance 函數的地方就獲得「鎖」，相當難
用。

的確如此。沒過多久 Doug Schmidt 就遇到一個與此有關而且更加嚴重的缺陷
[Schmidt96b]。

當我在校對 John Vlissides 在 1996 年 4 月刊的 Pattern Hatching 專欄
時，雙重鎖定檢查（Double-Checked Locking）模式[SH98]已經出現
了。在這一期的專欄中，John 提及，在對多使用者檔案系統進行保護
的情形中使用 SINGLETON。但具有諷刺意味的是，近來我們遇到了一
些詭異的記憶體洩漏問題，這些問題發生在 ACE 的多執行緒版本在
多處理器系統執行時。

在閱讀 John 的專欄時，我猛然想到問題是由於競爭條件導致 Singleton 多次初始化而引起的。一旦我發現這兩個問題之間的聯繫，並考慮到其他的一些關鍵因素（例如，對 Singleton 的正常使用不應該存在鎖定的時間花費），解決方案立刻就浮現在我眼前。

大約一個月後，Doug 又給我發了一封信[Schmidt96c]。

我帶領的一個研究生（Tim Harrison）最近實作了一個名叫 Singleton 的 C++ 類別庫，它主要是用來把已有的類別變成「Singleton」。現在我們已經在 ACE 中使用這個類別了，它還是有點用的。這個類別的好處在於它不僅自動實作了雙重鎖定檢查，而且它讓我們能夠透過模板（template）參數輕易地指定 LOCK 策略。如果感興趣的話，下面就是這個類別的實作：

```
template <class TYPE, class LOCK>
class Singleton {
public:
    static TYPE* instance();

protected:
    static TYPE* _instance;
    static LOCK _lock;
};

template <class TYPE, class LOCK>
TYPE* Singleton<TYPE, LOCK>::instance () {
    // perform the Double-Check pattern...

    if (_instance == 0) {
        Guard<LOCK> monitor(_lock);
        if (_instance == 0) _instance = new TYPE;
    }

    return _instance;
}
```

這引起了我的興趣，特別是關於「有點用」的那部分。我問他是不是因為這種方法無法阻止使用者建立基底型別（base type）的多個物件才這麼說的（因為

很可能這個類別是在其他地方定義的,而且沒有定義為 Singleton 類別)。他的回答很有啟發性,同時讓我感到有些緊張[Schmidt96d]。

> 正是如此。另一個問題是許多 C++編譯器(例如 g++)都沒有實作對模板靜態資料成員的支援。在這種情況下,我們不得不將靜態 instance 函數實作成下面的樣子。

```
template <class TYPE, class LOCK>
TYPE* Singleton<TYPE, LOCK>::instance () {
    static TYPE* _instance = 0;
    static LOCK _lock;

    if (_instance == 0)
    // ...

    return _instance;
}
```

啊,這就是為了保證 C++程式碼能夠跨平台移植所帶來的樂趣!;-)

這反過來又激起了我的思考。我回信說,如果真的想讓一個類別天生就是 Singleton,那麼可以從這個模板來衍生子類別,並把子類別作為模板參數傳入(又是 Cope 那奇特的遞迴模板模式[Coplien95] —— 我喜歡!)。例如:

```
class User : public Singleton<User, Mutex> { ... }
```

這樣,我們不僅可以保持 Singleton 的語義,而且不必為了讓該模式支援複雜的多執行緒環境而重複編寫程式碼(原文如此)。

注意

我自己並沒有試過這種方法,也沒有機會用到它。我只是認為無論是從美學的角度來看,還是從我們得出這種方法的過程的角度來看,它都非常簡潔。我原本認為 SINGLETON 是我們 23 個設計模式中相對次要的一個,不值得像對待 COMPOSITE、VISITOR 等那樣花很多時間來討論它。也許這樣的態度解釋了為什麼該模式根本沒有涉及一些問題。哦,是我錯了。

3.2　OBSERVER 的煩惱

軟體行業因為它的免責宣告而臭名昭彰。開發人員幾乎可以拒絕為他們所建立的軟體承擔部分或全部責任。因此為公平起見，我為本節也擬了一條免責宣告。

注意

本節包含的設計沒有經過實踐檢驗，僅供讀者參考之用。作者和出版社對這些設計不做任何形式的（無論是明確說明，還是未明確說明）擔保。但如果讀者想把自己的事業押在它們上面，後果請自負。

我們在這裡要探討的設計問題幾乎困擾了我 10 年之久，因為常見的解決方案經常比問題本身還要糟糕。

設想我們要為商務應用程式建構一個框架，這些應用程式對金額、名稱、位址、百分比之類的基本資料進行處理。它們透過一個或多個使用者介面元素來呈現這些資料：用固定文字來表示不可修改的數值和文字；用文字框來表示可編輯的資料；用按鈕、捲軸（slider）或彈出式選單來表示更受限的輸入；用圓餅圖、長條圖及各種圖表來將資料以圖像的方式呈現。就這麼簡單。

我們認為，在修改使用者介面時，不影響應用程式的功能是非常重要的，反之亦然。因此我們要把使用者介面和後台的應用程式資料分開。事實上，我們已經考慮過應用類似於 Smalltalk 的 MVC（Model-View-Controller）[KP88]方法來將兩者分開。MVC 不僅可以將應用程式資料和使用者介面分離，而且允許我們使用多個使用者介面元素來展現相同的資料。

快速瀏覽《設計模式》一書，我們發現了 OBSERVER 模式，該模式告訴我們如何實作這樣的分離。OBSERVER 描述了基本資料和它可能為數眾多的使用者介面元素之間的關係。

1. 每份資料都被封裝在一個 subject 物件中（與 MVC 中的模型相對應）。

2. 對應於各 subject 的每一個使用者介面元素被封裝在一個 observer 物件中（與 MVC 中的視圖相對應）。

3. 一個 subject 同時可以有多個 observer。

4. 當一個 subject 改變時，會通知它所有的 observer。

5. 反過來，observer 會從對應的 subject 處獲取那些會對外觀產生影響的訊息，並對外觀進行適當的更新。

最終的訊息儲存在 subject 中，當 subject 當中的訊息發生變化時，observer 會跟著更新。當使用者保存資料時，保存的是 subject 當中的訊息，observer 當中的訊息不需要保存，因為它們顯示的訊息是來自於對應的 subject。

下面是一個例子。為了讓使用者修改利率之類的數值，應用程式可能會提供一個文字框和一對上下按鈕，如圖 3-1 所示。當儲存在 subject 當中的利率發生變化時（也許是因為使用者按了向上的按鈕而增加了利率），它會通知它的 observer——也就是文字框。文字框會在收到通知後，會刷新自己的顯示來反映新的利率值。

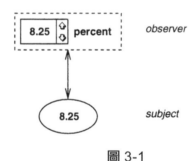

圖 3-1

現在除了基本資料，使用我們框架的應用程式需要更高層次的抽象，例如貸款、契約、商業夥伴和產品。為了最大限度地重用，我們想用細粒度的 subject 和 observer 來合成這些抽象。

讓我們來看看圖 3-2，它顯示了一個用來輸入貸款訊息的使用者介面。這個使用者介面被實作為一個 subject 的 observer。圖 3-3 顯示了這個 observer 實際上是由一組基本 observer 合成的，它的 subject 是由對應的一組基本 subject 合成的。

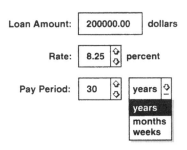

圖 3-2

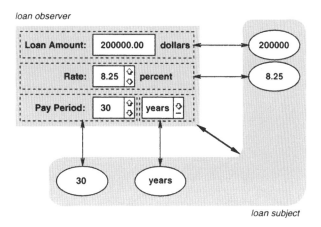

圖 3-3

這樣的設計有下面幾個優點。

1. 我們可以獨立地對 subject 和 observer 進行定義、修改和擴展——這對於維護和加強功能來說是件好事。

2. 我們的應用程式可以只包含它需要的功能。如果框架提供了大量的功能，那麼這一點尤其重要。例如，如果應用程式不需要以圖形方式來呈現資料，那麼它就不需要包含那些用來顯示圓餅圖或長條圖的 observer。這就是嚴格意義上的按量計費（pay-as-you-go）。

3. 我們可以給同一個 subject 指定任意數量的 observer。文字框和上下按鈕很可能會被實作為單獨的 observer。（為了讓插圖顯得簡潔，我沒有在圖 3-3 中顯示這一點。）我們甚至還可以有不可見的 observer。

例如，我們可以定義一個物件，在不修改一個 subject 實作的前提下，把該 subject 資料的所有變化都記錄下來。

4. 我們可以用已有的 subject 和 observer 來實作新的 subject 和 observer，進而促進重用。

這聽起來不錯，而事實也確實如此。但可惜的是，它也有不利的一面。

圖 3-4 是 loan 的 subject 和 observer 的物件結構，它展現了另一種方式來看待這些物件的組合：那就是以層級包含的方式。loan subject 包含了它的基本組成部分，而 loan observer 包含了對應的基本 observer。注意圖中有為數眾多的物件（帶標籤的橢圓）和物件參考（線條）。不僅 loan subject 和 loan observer 之間有連接，而且每個基本的 subject 和對應的 observer 之間也有連接。

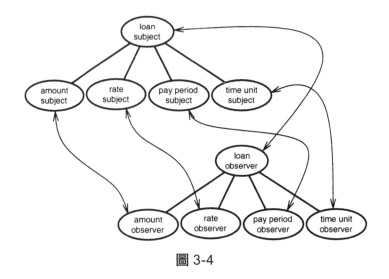

圖 3-4

簡而言之，OBSERVER 模式在執行時產生了大量的冗餘。如果我們是從頭開始編寫 loan subject 和 loan observer，而不使用已有的 subject 和 observer，那麼我們可以輕易地消除這當中大部分的連接，更不用說消除其中的許多物件了。它們是我們為重用而付出的代價。

但是等一下，還有更多的呢！執行時的冗餘只是問題的一部分，我們還有靜態冗餘。讓我們考慮一下實作這些物件結構的類別。OBSERVER 模式規定了單獨的 Subject 類別層次和 Observer 類別層次，其中抽象基底類別定義通知的協議，以及用來附著（attach）和去除（detach）observer 的介面。Concrete Subject 子類別實作特定的 Subject，為了讓具體的 observer 知道什麼東西發生了變化，它還需要增加相對應的介面。同時 ConcreteObserver 子類別透過它們的 Update 方法來指定如何對自己進行更新，進而以一種獨一無二的方式來顯示它們的 subject。

圖 3-5 是 loan 的 subject 和 observer 的類別結構，總結了這些靜態關係。相當複雜，不是嗎？平行的類別層次具有這樣的傾向。為這些類別層次編寫程式碼和對它們進行維護，需要許多機械性質的體力勞動，除此之外，還得花工夫去理解。程式設計師必須理解兩倍數量的類別，兩倍數量的介面，以及兩倍數量由於衍生子類別而引起的問題。

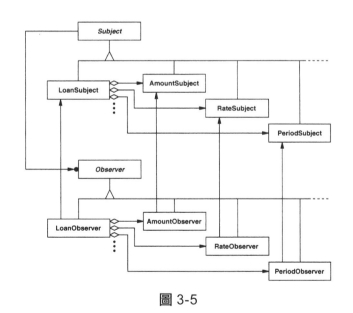

圖 3-5

如果我們可以只用一個類別層次結構和一個實例層次結構，豈不妙哉？但問題在於，獨立的類別層次和物件層次幫助我們把應用程式資料和使用者介面清晰地劃分開，這一點我們並不想捨棄。那我們該怎麼辦呢？

想一想，在執行時，由於劃分 subject 和 observer 而引起的主要花費是什麼？當然是平行的物件和連接帶來的記憶體佔用了。平行物件層次使得物件的數量、類別層次內部的連接數量及類別層次之間的連接數量都加倍。到處儲存這些訊息需要消耗大量的記憶體。事實上，我們應該質疑這樣做的必要性。我們有沒有頻繁存取這些訊息？把使用者介面和應用程式資料分離開來是一回事，但我們真的必須在兩個類別層次之間持續維護大量的連接嗎？

假設這兩個問題都別有用心，而對這兩個問題的回答都是否定的，那麼我們是否有其他的選擇？將我們自己限制在一個物件層次是一種肯定行得通的作法，這可以削減物件和連接的數量。奧妙在於保留冗餘所具備的好處。我們需要找到一種作法來表示 subject 的訊息，同時既不需要維護一份平行的 observer 類別層次，也不需要把兩個類別層次合併到一起。

因為這裡的問題在於記憶體，因此讓我們來看看在時間和空間之間的一個經典折衷方案。與其儲存訊息，何不動態計算訊息？對於那些可以在需要時計算出來的訊息，如果不需要很頻繁地使用它們，那我們就不必儲存它們。那麼，多頻繁才算是「很頻繁」呢？應該是頻繁到對效能產生的影響已經到了不可接受的程度。

幸運的是，只有為數不多的情形需要 observer 執行實際方法，至少在我們的應用程式中是如此。它們基本上在下面三種情形下需要執行方法：

1. 當 subject 發生改變時。

2. 當有使用者輸入時。

3. 當必須對（部分）使用者介面進行重繪時。

這些情形是 observer 程式碼應該執行的時機。如果我們把 observer 物件都去掉，那麼我們必須迅速決定在這些時候應該做些什麼。

不要誤解我的意思，我並不是說我們不需要使用任何物件來完成 observer 的工作。我們仍然需要使用物件，只不過我們想使用的物件數量要遠遠少於 OBSERVER 模式所要求的數量——最好是一個常數，而不要和 subject 類別層

次的規模成比例關係。而且我們也不想在 subject 中儲存大量的連接，我們想要用計算來代替儲存。

前面描述的三種情形通常會導致對 observer 物件層次結構或 subject 物件層次結構的巡訪（經常是兩者都有）。一個 subject 的改變會引發它的 observer 改變，這可能會使得我們必須巡訪整個 observer 物件層次結構。一個很好的例子就是重新繪製那些受到影響的使用者介面元素。與此類似，為了確定使用者點擊了哪個使用者介面元素，我們至少需要對 observer 物件層次結構的一部分進行巡訪。重繪也是如此。

由於在任何這類情況下我們都可能要進行巡訪，因此巡訪時可能是一個絕佳的時機，可以讓我們計算那些原本需要儲存的訊息。事實上，原來那些 subject 不可能單方面執行的方法，現在可以在巡訪時執行了，因為巡訪提供了足夠的上下文。

舉個例子，我們可以巡訪一個 subject 的物件層次結構並全部重繪它的使用者介面，透過這種方式來對修改後的 subject 的介面進行更新。當然，這樣一種簡單作法的效率肯定不如我們希望的高，因為照理說，使用者介面上只有一小部分需要改變。幸運的是，解決這個問題的辦法也很簡單：只要讓 subject 維護一個標記位元[2]來表示自己是否被修改過就可以了。在巡訪時，我們會順便重置這些標記位元。如此，在巡訪時我們就可以忽略那些沒有設置標記位的 subject，進而使這種方法的效率能夠與 OBSERVER 的效率相媲美。

「嘿，」可能有人會在這個時候打斷，「我們怎麼知道在巡訪的每一步要做些什麼？那些知識又從何而來？」

當我們使用 Observer 物件時，每個 Observer 物件都知道如何繪製自己的外觀。用來顯示一個 ConcreteSubject 物件的程式碼位於相對應的 ConcreteObserver 類別中。subject 最終把顯示的任務委託給了它的 observer，正是這種委託導致了大量額外的物件和參考。

---

[2]　由於具體實作應該是隱藏在 set/get 介面之後，因此實際佔用的儲存空間可能會發生變化。

去掉 observer 之後，我們需要把繪製 subject 的程式碼放到一個新的地方。我們必須假定外觀是在巡訪的過程中，逐步（一個 subject 接著一個 subject）繪製出來的，而且我們必須根據 subject 的型別來改變外觀。在巡訪過程中的每一步所執行的程式碼取決於兩點：subject 的型別以及外觀的型別。如果我們只有一個 subject 物件層次，那麼我們如何分辨 subject，又如何讓正確的程式碼執行呢？

這樣的不確定性是由於把顯示功能從 subject 中去除所引起的。但我們並不想退而求其次，把 subject 和 observer 摻雜在一起，而且我們想盡可能避免執行時不必要的型別檢驗。

3.3　重溫 VISITOR

先前我們已經遇到過類似的問題，那是在第 2 章，我們在設計檔案系統時。我們想讓檔案系統物件（例如檔案和目錄）能夠執行許多不同的方法，但我們又不想一直往 Node 類別（所有檔案系統物件的抽象基底類別）中新增方法。這是因為每個新的方法都需要對已有的程式碼動手術，而這增加了 Node 介面失控的風險。

我們正是在這個時候參考了 VISITOR 模式，這樣我們就可以在另一個單獨的 visitor 物件中實作新功能，進而避免了對基底類別的修改。visitor 的關鍵在於它們會根據它們存取的物件來得出型別資訊。舉個例子，我們可以定義一個名為 Presenter 的 Visitor 類別，來完成與顯示「一個給定 subject 的所有相關方法」，包括繪製、輸入處理等。它的介面看起來大致如下：

```
class Presenter {
public:
    Presenter();

    virtual void visit(LoanSubject*);
    virtual void visit(AmountSubject*);
    virtual void visit(RateSubject*);
    virtual void visit(PeriodSubject*);
    // Visit operations for other ConcreteSubjects
```

```
    virtual void init(Subject*);
    virtual void draw(Window*, Subject*);
    virtual void redraw(Window*, Subject*);
    virtual void handle(Event*, Subject*);
    // other operations involving traversal
};
```

讀者應該還記得，在 VISITOR 模式中，每個能夠被存取的物件都必須提供一個 accept 方法。而這些方法的實作方式都是相同的。例如：

```
void LoanSubject::accept (Presenter& p) { p.visit(this); }
```

因此，為了顯示一個給定的物件，我們必須在巡訪的每個階段呼叫 subject->accept(p)，其中 subject 的型別為 Subject*，p 的型別為 Presenter。VISITOR 的奧妙之處就在這裡：編譯器會在編譯時解析對 presenter 物件的回呼，得出應該呼叫 Presenter 的哪個 visit 方法，進而幫助 presenter 識別出具體的 subject，這樣就不需要使用執行時的型別檢驗了。

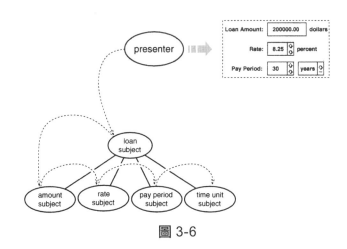

圖 3-6

如果想知道誰在進行巡訪，請再看一看 Presenter 的介面：它包括 init、draw、redraw 及 handle，這些方法不在 VISITOR 要求的方法之列。當有使用者輸入、subject 的狀態發生變化，或是遇到前述會引起巡訪的其他情形之一時，這些方法會做出回應並對物件層次進行巡訪。這些方法給客戶端程式碼提

供了一個簡單的介面,使客戶端程式碼能夠及時更新 subject 的外觀,進而讓外觀保持最新狀態。圖 3-6 透過圖形的方式描繪了巡訪的過程。與圖 3-4 相比,它所削減的物件數量和連接(實心線)數量相當可觀,不是嗎?

經常使用 VISITOR 的人們都清楚知道,如果要存取的類別結構不穩定,那就很容易導致該模式失效。而對我們的商業應用程式框架來說,這個缺點不是一個好兆頭。最好是我們的 Subject 的所有子類別能夠包羅萬象,這樣程式設計師就再也不必定義自己的子類別了。但我們的框架不可能十全十美,因此我們必須能夠讓客戶端程式碼在不修改框架的前提下,為新的 Subject 子類別定義相對應的顯示類別。特別是,我們不想為了支援新的 Subject 子類別而必須給 Presenter 類別增加新的 visit 方法。

在第 2 章中我們在 Visitor 介面(第 37 頁)中參考了一個全能的 visit 方法,用它來實作預設的行為。把它照搬到這裡就是給 Presenter 介面增加下面的方法:

```
virtual void Visit(Subject*);
```

如果有一些預設的行為是所有 visit 方法都應該實作的,那麼我們可以將這些行為放到 visit(Subject*)中,並在預設情況下讓其他的 visit 方法來呼叫它。

但這個全能方法提供的不僅僅是偶然的重用,它還提供了一條名副其實的暗道,透過這條暗道我們可以存取那些未曾預料到的 Subject 子類別。

假設我是(我也的確是)一名程式設計師,我剛定義了一個新的 RebateSubject 類別,它是 Subject 類別的子類別。根據要求,我為它定義了 accept 方法,這個方法的實作與其他子類別中的實作相同:

```
void RebateSubject::accept (Presenter& p) { p.Visit(this); }
```

如果讀者還沒有理解為什麼那個全能方法非常重要,那麼這個 accept 方法應該能讓這一點更容易理解一些。當 RebateSubject::accept 呼叫 visit 並將自己作為參數傳入時,編譯器必須在 Presenter 介面中找到相對應的方法。如

果沒有 Presenter::visit(Subject*) 這個全能方法，那麼編譯器將就此罷休，並輸出一條錯誤訊息。但如果有了這個全能方法，那麼情況就不是這樣了。編譯器是非常有智慧的，它能夠知道 RebateSubject 是一個 Subject，只要型別是相容的，那麼就不存在任何問題。

雖然我們滿足了編譯器，但我們事實上並沒有實作太多功能。Presenter::visit(Subject*) 是在出現 RebateSubject 類別之前就實作的，這意味著除了它實作的預設行為外，它做不了任何事。而且預設的行為很可能是什麼也不做。

那麼我們現在該做些什麼呢？

回想一下我們試圖在避免什麼：避免對 Visitor（即 Presenter）介面進行修改。為什麼要這樣做呢？這是因為程式設計師無法修改框架定義的介面。但沒有什麼能夠阻止程式設計師從 Presenter 衍生子類別。這也正是我們將要採取的手法，透過這種方式來添加用於顯示 RebateSubjects 的程式碼。

讓我們定義一個 NewPresenter 子類別。它除了繼承的 Presenter 功能之外，它還覆寫了那個全能方法，添加用於顯示 RebateSubjects 的程式碼[3]：

```
void NewPresenter::visit (Subject* s) {
    RebateSubject* rs = dynamic_cast<RebateSubject*>(s);

    if (rs) {
        // present the RebateSubject

    } else {
        Presenter::Visit(s);  // carry out default behavior
    }
}
```

---

[3]　C++的怪癖之一：由於我們多載了 visit 方法，因此為了不讓編譯器出現錯誤訊息，我們必須在 NewPresenter 子類別中覆寫所有的 visit 多載方法。為了避免這個問題，我們可以不使用多載，而是在 visit 方法中加入具體的 subject 的名稱，也可以使用 Kevlin Henney 提出的 using 指令。第 38 頁我們曾就這個問題進行過完整的討論。

現在讀者可以看到這種作法不太光彩的小秘密了：它透過執行時的型別檢驗，來確保正在存取的 subject 確實是 RebateSubject。如果我們可以百分之百肯定只有在存取 RebateSubject 時才會呼叫到 NewPresenter::visit (Subject*)，那麼我們可以用靜態型別轉換來取代動態型別轉換。但這樣做是有一定風險的。此外，如果我們要存取和顯示的 Subject 的新子類別多於一個，那麼我們將不得不進行動態型別轉換。

顯然，這樣做是為了繞過 VISITOR 的一個缺點。如果我們不停地增加新的子類別，那麼整個 VISITOR 方法將退化成一種 tag-and-case-statement 風格的程式設計。但是，如果應用程式只需要定義為數不多的新子類別（對一個偏愛複合的設計來說，應該屬於這種情況），那麼 VISITOR 模式的大多數好處都能得以保留。

喜歡分析的讀者可能會想，為什麼要把向下轉型放在 visit 方法中呢？我們明明可以把它放在 RebateSubject::accept 當中啊，就像下面這樣：

```
void RebateSubject::accept (Presenter& p) {
    NewPresenter* np = dynamic_cast<NewPresenter*>(&p);
    if (np) {
        np->visit(this);
    } else {
        Subject::accept(p);    // carry out default  behavior
    }
}
```

事實證明，這樣做在短期內同樣能達到不錯的效果，但卻很難維護。可能到了一定的時候，我們定義的 Subject 子類別的數量會到達一個臨界點。到了這個時候，我們就只有自食惡果了，我們只有對 Presenter 類別進行修改，為那些原先不支援的子類別（例如 RebateSubject）增加新的 visit 方法。而這樣一來，Presenter 介面將再次反映出 presenter 能存取的所有類別，屆時我們可以把所有的向下轉型去掉。

現在考慮一下，如果我們把向下轉型放在 ConcreteVisitor 的 visit 方法中，結果會是什麼樣子。當然，我們必須修改 Presenter 類別，除此之外，我們還應該把向下轉型從 NewPresenter::visit (Subject*)之類的方法中去掉。

但僅此而已。所有的修改都侷限在一個類別層次中。我們根本不用碰觸 Subject 類別層次，因為那裡的 accept 方法仍然可以使用。例如，下面的程式碼仍然能夠正常編譯，只是現在呼叫會被靜態解析到新增的 Presenter::visit(RebateSubject*)[4]：

```
void RebateSubject::accept (Presenter& p) { p.visit(this); )
```

如果我們反過來把向下轉型放在 accept 方法當中，那麼我們就需要做更多的修改：我們必須修改每個 accept 方法，讓它們看起來像前面 RebateSubject 的 accept 方法那樣。我們顯然不希望如此，因為最開始應用 VISITOR 的一個主要動機，就是要避免對我們要存取的 Element 類別層次進行修改。

再者，如果我們不停定義 Element 子類別，那麼我們不應該使用 VISITOR。但即使我們沒有一直定義 Element 子類別，我們仍然需要謹慎。除非有很好的理由，否則我們至少應該**允許**客戶端程式碼定義新的子類別。這正是我們需要一個全能方法的原因。如果提供了一個全能方法，那麼一定要把向下轉型放在該方法中，而且要盡可能對 visit 方法進行多載。

※　※　不 一 定 會 成 功　※　※

用這種基於 VISITOR 的作法來代替 OBSERVER，還有一些其他問題。第一個問題與 Presenter 類別的大小有關。我們已經把多個 ConcreteObserver 類別的功能摻雜到這個 Visitor 當中，但我們又不想讓它變成一個龐然大物。在某個時機，我們應該把 Presenter 分解成較小的 VISITOR，也許可以應用其他模式來縮減它的規模。例如，我們可以使用 STRATEGY 模式來將 visit 方法的工作委託給 Strategy 物件。但回想起來，我們最初應用 VISITOR 的原因之一，就是要減少物件的數量，所以讓更多物件變成 Visitsor 會縮減它帶來的好處。即便如此，我們最終得到的物件數量不太可能像 OBSERVER 所要求的那樣多。

---

[4]　注意，如果我們沒有對 visit 進行多載，也就是說 visit 方法的名稱中嵌入了被存取的 subject 的型別，那麼我們最終不得不回過頭去對 accept 進行修改。這是因為 Subject 的每個新子類別都需要顯式地呼叫全能方法：
　　　void RebateSubject::accept (Presenter& p) { p.visitSubject(this); }
　　如果程式語言支援的話，那麼這是使用多載的一個充分理由。

另一個問題則與 observer 的狀態有關。名義上，VISITOR 方法用一個 visitor 替換了許多 observer。但是如果每個 observer 儲存了自己特有的狀態，而且其中一部分狀態無法透過動態計算得到，那麼這些狀態應該放在哪裡？由於我們已經假設不必儲存 observer 的狀態，而可以透過計算來得到，因此這一點應該不成問題。就算到了最糟糕的情況，如果無法透過計算得到的狀態在每個物件中都各不相同，那麼 visitor 可以把狀態保存在一個以 subject 為鍵值的私有關聯儲存器中（例如雜湊表）。而由於雜湊表和 OBSERVER 這兩種實作方式所造成的執行時間花費的差別，應該可以忽略不計。

好了，也許這整個作法聽起來有點異想天開，我也沒有打算要否認這一點。紙上談兵的好處在於，我們的設計不一定要能夠編譯、執行並最終得到結果。如果其中能萌發出一些有用的想法，那麼請加以利用。但如果事實證明並非如此，或者更糟，那就正是為什麼我要為本節撰寫免責宣告的原因！

3.4　GENERATION GAP

經常有人問我：「你們什麼時候能夠出版《設計模式》的第 2 卷？」我真希望別人每次問我這個問題時，能給我 5 分錢美金，這絕對會是一筆不菲的收入。《設計模式》提到「由於有些模式看起來還不夠重要，因此沒有將它們收錄到書中」，但這還是無法回答上面的問題。事實上，過去這些年被我們束之高閣的模式至少有半打，箇中原因不勝枚舉。包括「看起來還不夠重要」，「缺乏足夠的已知應用」，「這玩意兒沒什麼希望」，等等。

GENERATION GAP 就是其中一個因為缺乏足夠的已知應用而被冷落的模式。不過，我最終還是將該模式公諸於世了[Vlissides96]，並且也提到這個缺點，懇請讀者能夠提供更多的想法。我收到不少迴響，也依此對該模式進行了更新，並把它收錄到本書中。

模式名稱

GENERATION GAP

類型

類別結構

目的

無論自動產生的程式碼會產生多少次，對它的修改或擴展只需進行一次。

動機

通常我們更樂於讓電腦幫我們產生程式碼，只要產生的程式碼能滿足下面幾個條件：

- ❏ 正確
- ❏ 足夠高效能
- ❏ 功能完整
- ❏ 可維護

許多程式碼產生工具（例如用來建構使用者介面的工具、用來產生解析器的工具、各種「精靈」以及 4GL 編譯器）都能夠產生正確且高效能的程式碼。事實上我們知道，在學習一個新的程式設計介面的過程中，人們更願意研究電腦產生的程式碼，而不願意閱讀浩瀚的文件。但是，產生**功能完整並且可維護的**程式碼卻是另一回事。

通常我們不可能用這些工具來自動完成一個像樣的應用程式，我們必須透過老辦法——也就是用程式語言手工編寫程式——來實作一些功能。這是因為工具會用高層的方法來表現應用程式，這也是它們的威力所在，但高層方法的表現力不足以讓我們指定每一個（不怎麼小的）小細節。由於工具所使用的抽象必然與程式語言所使用的抽象不同，因此得到的結果是兩種抽象混雜在一起，這破壞了應用程式的可擴展性和可維護性。

讓我們來考慮一個建構使用者介面的工具,它不僅允許我們使用按鈕、捲軸和選單之類的使用者介面元素〔也稱為 widget〕,而且也允許我們使用更基本的圖形物件,例如線條、圓圈、多邊形及文字[5]。這個工具允許我們使用這些物件來繪製圖形,並將物件和行為關聯起來。因此,比起那些只能使用視窗元件的工具而言,我們可以透過這個工具來開發應用程式中更多的東西。

我們可以用此類建構工具來為鬧鐘應用程式建立完整的使用者介面。我們可以把線條、多邊形和文字組裝起來,進而繪製出時鐘的外觀,如圖 3-7 所示。然後我們添加一些用來設置當前時間、設置鬧鐘時間及關閉鬧鐘的按鈕。這個建構工具讓我們把這些元素全都組合起來,構成完整的應用程式使用者介面。

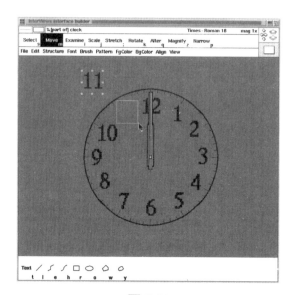

圖 3-7

但是,建構工具沒有讓我們指定當應用程式執行時,這些元素應該具備怎樣的行為。具體來說,我們需要為按鈕、時針、分針和秒針的行為編寫程式碼。我們必須能夠在程式碼中參考這些物件,這一點是最基本的。建構工具可以讓我們選出一些物件並將它們「匯出」—— 也就是說,我們可以給它們命名,這樣就可以在程式中參考它們了。在圖 3-8 中,使用者選取了秒針(它是 Line 類別

---

[5]　ibuild 就是此類別工具的一個例子,它是 InterViews 工具箱[VT91]的一部分。

的一個實例）並準備匯出。建構工具隨即彈出一個對話框（見圖 3-9），讓我們為這個 Line 的實例輸入一個易於記憶的名稱，例如_sec_hand。

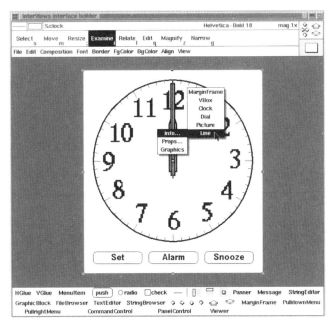

圖 3-8

建構工具還可以為時鐘建立其他的使用者介面元素，例如讓使用者輸入當前時間和鬧鐘時間的對話框。當我們完成介面後，建構工具會產生用來組裝圖形元件的程式碼，進而按照指定的樣子將它們顯示出來。它還會組裝對話框，並為所有的按鈕實作預設的行為。但與大多數應用程式的建構工具相似，這個工具能夠替我們做的也就僅限於此了。我們必須回過頭去編寫程式，來指定當按鈕按下時，它們到底應該做些什麼，時鐘如何走得準，以及如何正確地顯示外觀。我們必須為這些行為手工編寫程式碼。那我們該怎麼做呢？

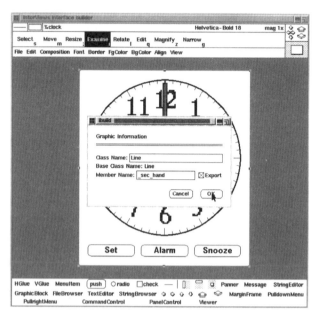

圖 3-9

最直接的方法是，我們對建構工具產生的程式碼進行修改，使之滿足我們的需求。例如，我們可以編寫一些程式碼，讓時鐘每隔一秒鐘產生某種事件。我們還要編寫相對應的事件處理程序，每隔一秒鐘讓時針、分針和秒針旋轉相對應的角度（對秒針來說應該是 -6°）。此外，我們還需要編寫更多的程式碼來實作按鈕的行為。我們不斷地對產生的程式碼進行手工修改，直到完成整個應用程式為止。

現在讓我們來看一看維護的問題。假設我們想要重新調整使用者介面，把按鈕從時鐘的下方移到上方。換句話說，我們只想修改外觀，而不想修改行為。對於任何一個像樣的建構工具來說，這樣的修改只不過是小菜一碟。但問題在於，建構工具完全不知道我們對它先前產生的程式碼進行了修改。如果它盲目地產生程式碼，那麼輕則會迫使我們把變更重新加入到產生的程式碼中，重則會導致我們的變更完全喪失。

有幾種方法可以解決這個問題。建構工具可以將它產生的程式碼標記為使用者可修改或使用者不可修改的，通常是在程式碼加上嚴禁修改的警語。但這種方法不能令人滿意，原因至少有兩個：

1. **雜亂。**雖然這種方法比起即興的修改有所改進，但手工編寫的程式碼與產生的程式碼仍然混雜在一起。結果是程式碼看起來混亂無序，人們可能會需要使用工具來讓程式碼更易於閱讀，例如根據要求隱藏或突出顯示程式碼中不同的部分。但是，工具很少能完全掩蓋問題。

2. **容易出錯。**因為對程式碼的修改僅僅是透過約定來加以約束的，所以編譯器無法檢查出非法的修改。如果我們犯了錯誤，修改了不應該修改的程式碼，那麼程式碼產生工具後來可能會把我們的變更給覆蓋掉。

一種更複雜的方法是，計算經過修改後的程式碼和最初產生的程式碼之間的差別，然後試圖將這些差別合併到重新產生的程式碼當中。不用說，當手工修改的程式碼涉及的層面很廣時，或者有時不那麼容易時，這種方法比較危險。

一個完美的解決方案應該比上述方法更加可靠，而且為了便於維護，它應該把產生的程式碼與手工編寫的程式碼分開。但嚴格來說，分離可能並不容易實作，因為手工修改的程式碼經常需要存取「產生的程式碼當中不對外公開的部分」。例如，我們也許不應該讓時鐘之外的物件存取代表秒針的 Line 物件，因為 Line 是一個實作細節。即便是更高層的介面，例如用來移動秒針的介面，我們也許仍然不應該將它們對外公開，畢竟現實生活中的時鐘並沒有這樣的功能。

GENERATION GAP 模式透過類別繼承來解決這個問題。它將產生的程式碼封裝在一個基底類別，並將變更封裝在一個對應的子類別當中。

在我們的時鐘例子裡，建構工具會把它產生的程式碼封裝在一個名為 `Clock_core` 的**核心類別**。這個類別包括所有建構工具中，指定用來實作時鐘的程式碼，有圖形物件、視窗小工具，以及它們組裝的方式。從來沒有人會實例化這個核心類別，相反地，應該實例化的是 Clock 類別，又稱為**擴展類別**。建構工具在產生核心類別時，會同時產生擴展類別。

「擴展類別」意味著 Clock 是 `Clock_core` 的子類別。但它是一個再簡單不過的子類別：它沒有向核心類別中增加狀態或行為，它沒有從核心類別中去除狀態或行為，它也沒有修改核心類別的狀態或行為。它的功能不比它的父類別多，

也不比它的父類別少。即便如此,在建立 Clock 物件時,實例化的始終是擴展類別 Clock,而不是核心類別 Clock_core。

那麼,我們應該在哪裡做變更呢?我們可以對核心類別進行修改,來完成應用程式的功能,但是用建構工具進行後續編輯需要重新產生程式碼,而這會導致前面提到過的合併問題。相反地,在增加、修改或去除功能時,我們要修改的是**擴展類別**,我們從來不會去修改核心類別。我們可以定義新的成員函數,我們可以對核心類別的虛擬函數重新定義或擴展(見圖 3-10)。透過將匯出的實例宣告為 C++語言中受保護的變數成員,我們一方面可以讓核心類別存取它們,另一方面又可以避免將它們暴露給客戶端程式碼。

如果我們以後想要修改使用者介面的外觀,那麼建構工具可以只產生未經修改的核心類別,這樣原本對擴展類別的變更就不受影響。然後我們重新編譯應用程式,應用程式就會反映出外觀上的變化。只有當我們對使用者介面做大幅度變更時(例如把秒針或手工編寫的程式碼所參考的其他實例去掉了),我們才需要對原來的變更進行修補。

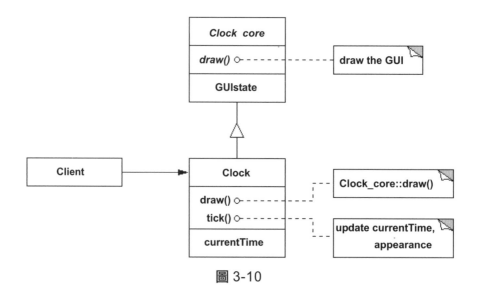

圖 3-10

3.4.1 時機

當下列條件都成立時,可以運用 GENERATION GAP:

1. 程式碼是自動產生的。

2. 產生的程式碼可以被封裝在一個或多個類別中。

3. 上一次產生程式碼時所得到的介面和物件成員,在重新產生程式碼時,
   通常會得以保留。

4. 產生的類別通常尚未整合到已有的類別層次中。如果它們已經整合到已
   有的類別層次中,而我們的程式語言又不支援多介面繼承,那麼程式碼
   產生工具必須允許我們「為它產生的任何基底類別指定父類別」。

3.4.2 結構

具體結構參見圖 3-11。

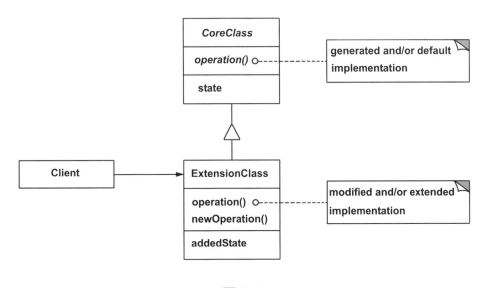

圖 3-11

95

3.4.3 參與者

CoreClass（Clock_core）

- ❏ 一個抽象基底類別，其中包含工具產生的程式碼。
- ❏ 這個類別從來不會被手工修改。
- ❏ 在工具重新產生程式碼時會被覆蓋。

ExtensionClass（Clock）

- ❏ CoreClass 的一個再簡單不過的子類別。
- ❏ 實作對 CoreClass 的擴展或修改。程式設計師可以修改 ExtensionClass 來增加狀態 and/or 擴展、修改或覆寫 CoreClass 的行為。
- ❏ 在重新產生程式碼時，擴展或修改得以保留。

Client

- ❏ 只實例化和使用 ExtensionClass。

3.4.4 合作方式

- ❏ ExtensionClass 從 CoreClass 處繼承由工具產生的行為，並對它的行為進行覆寫或擴展。
- ❏ CoreClass 將選定的功能暴露 and/or 委託給 ExtensionClass，這樣 ExtensionClass 就可以對它的行為進行修改或擴展。

3.4.5 效果

GENERATION GAP 提供了下列好處：

1. **解除變更與產生的程式碼之間的耦合。**所有的手工變更都被封裝在 ExtensionClass 當中,進而使它們與產生的程式碼分離。一個額外的好處是,由於從 ExtensionClass 的介面中我們可以看出它覆寫或增加了哪些方法,因此它可以讓我們對於變更有更深入的理解。

2. **變更可以有權存取實作細節。**CoreClass 和 ExtensionClass 之間的繼承關係意味著,程式設計師和工具開發人員,可以充分利用所採用程式語言的表現力,來對產生程式碼的內部成員,控制其存取權限。

3. **而後重新產生程式碼時,不需要再次進行變更。**由於工具只會重新產生 CoreClass,而不會重新產生 ExtensionClass,因此在每次產生程式碼時,原本的變更得以保留。雖然不需要再次進行變更,但如果遇到下面的情況時,那麼對變更本身進行修改還是在所難免。

   ❏ 變更參考到的成員已經不復存在(此例為「語法不相容」)。
   ❏ 重新產生的程式碼的語義與之前產生的程式碼的語義不同,因此各個方法的語義發生了變化(此例為「語義不相容」)。

   語法不相容通常比語義不相容要容易解決。由於這兩種不相容都會降低該模式的效率,因此待產生的程式碼不應該具有這樣的性質。

4. **CoreClass 和 ExtensionClass 可以分別開發和測試。**一個軟體開發專案越大,它需要具備特殊技能人才的可能性也就越大。那些具有行業領域經驗的人可能會專注於建模或分析,而其他人可能會專門負責設計、實作、測試以及編寫文件。這裡的挑戰在於,如何確保這些團隊之間能夠有效率地合作並將各團隊的成果平順地整合在一起。各個團隊越獨立,它們越能平行工作,但在整合階段的難度也就越大。

   透過對 CoreClass 和 ExtensionClass 的功能進行解耦,使得 GENERATION GAP 促進了無衝突的協作和整合。就拿動機部分舉的例子來說,一個使用者介面專家可以用建構工具來開發 CoreClass,而一個領域專家可以將 ExtensionClass 整合到底層的應用程式框架中。一旦開發人員確定了 CoreClass 的介面,他們就可以獨立工作。

該模式還允許開發人員分別測試核心類別和擴展類別。在做變更之前，我們已經能夠建立 ExtensionClass 的實例，而且它也具備部分功能。使用者介面專家可以使用建構工具的輸出，對使用者介面中那些不太可能受 ExtensionClass 影響的方面進行評估，例如外觀、人體工學、效能，等等。同時，領域專家可以修改 ExtensionClass 並編寫程式碼讓它執行[6]——也就是說，無需組裝或實例化小元件，進而對於使用者介面下層的子系統進行測試。

該模式有兩個主要的缺點。

1. **使類別的數量加倍。**這是因為該模式把用到的每個類別都變成了一對 CoreClass/ExtensionClass。它可能還會參考原來不需要的類別，舉例來說，如果產生的都是程序式的程式碼，就可能會出現這種情況。系統中的每個類別都有一定的時間花費，即使沒有儲存空間或執行速度上的時間花費，至少也有額外的概念需要理解。

2. **將產生的類別整合到已有的類別層次中可能比較困難。**讓擴展類別繼承自一個已有的類別，需要用到多重繼承。透過讓 CoreClass 繼承自那個已有的類別，我們可以達到相同的效果，但那樣做需要修改 CoreClass 的介面，這違背了該模式的目的。只要程式碼產生工具允許使用者為核心類別指定父類別，這個問題就能得以解決。

3.4.6 實作

GENERATION GAP 的實作很依賴程式設計環境和程式語言。試考慮下面 4 個問題：

1. **禁止對核心類別進行修改。**GENERATION GAP 的基本要求是程式設計師不得修改核心類別。但不幸的是，要確保這一點是極具挑戰性的。

   在一個基於檔案的程式語言和環境中，預防類別被修改最保險的辦法就是將該類別的宣告和實作放在一個或多個受到寫入保護的檔案中。但

---

[6] [譯者注] 例如為 ExtensionClass 編寫單元測試。

是，又不能把這些檔案保護得太好，否則工具在重新產生程式碼時就沒辦法覆蓋它們。為此，我們可能需要賦與工具特權，使它和普通使用者的權限進行區分。

如果程式設計環境使用某種資料庫來儲存程式訊息，那麼事情就簡單多了。與傳統的檔案系統相比，這類環境提供對原始碼的存取控制，通常要更為精細。

2. **控制對核心類別內部的存取**。正如「動機」一節所示，擴展類別可能需要存取核心類別的一些內部功能。核心類別和擴展類別之間的繼承關係讓它變得很容易，這是因為在大多數物件導向的程式語言中，子類別可以存取從父類別繼承到的任何東西。

   但是不要忘記，CoreClass 暴露給子類別的訊息越多，對 Extension Class 的變更在重新產生程式碼時被破壞的可能性也就越大。諸如 C++、Java 和 Eiffel 之類的程式語言提供了多種存取控制，來讓父類別對子類別隱藏資訊。透過控制核心類別的內部實作，程式碼產生工具可以將擴展類別對核心類別所做的假設減到最少。

3. **命名約定**。由於該模式通常將一個類別拆分為兩個類別，得到的核心類別和擴展類別的名稱，應該反應出它們的來源以及它們之間的關係。不過，拆分不應該影響到客戶端。因此 ExtensionClass 應該保留原來的類別名稱，而 CoreClass 的名稱應該從它子類別的名稱衍生出來——這與正常情況恰恰相反。在我們的建構工具例子中，我們在擴展類別名稱之後，加上「_core」後綴做為核心類別的名稱。

4. **CoreClass 方法的粒度**。產生程式碼的主要好處在於提高了我們在程式設計時使用的抽象層次。為了實作一個高層抽象，程式碼產生工具通常必須產生大量的程式碼。因此，對於想要對產生的程式碼進行修改或擴展的程式設計師來說，要記住這些錯綜複雜的程式碼是非常困難的。既然如此，我們希望他們怎樣進行修改呢？

   這個問題的關鍵在於 CoreClass 的介面。各個方法的粒度必須足夠精細，這樣程式設計師才能夠精確地覆寫他們想要覆寫的部分，並重用其

餘的功能。如果 CoreClass 將所有功能都實作在一個大的方法中，那麼除了重新實作整個方法之外，程式設計師沒有任何辦法對功能進行變更，哪怕變動非常微小。如果情況正好相反，CoreClass 把該方法分解成一個由許多小而適當的基本方法（例如工廠方法）所組成的模板方法，那麼很可能程式設計師只要對需要的功能進行修改或擴展就可以了。

3.4.7 範例程式

下面就是 Clock_core 類別的實際宣告，它是由 ibuild 圖形使用者介面（GUI）建構工具[VT91]產成的。

```
class Clock_core : public MonoScene {
public:
    Clock_core(const char*);
protected:
    Interactor* Interior();

    virtual void setTime();
    virtual void setAlarm();
    virtual void snooze();
protected:
    Picture* _clock;
    SF_Polygon* _hour_hand;
    SF_Rect* _min_hand;
    Line* _sec_hand;
};
```

MonoScene 是一個 Decorator 類別，它是 InterViews GUI 工具箱中的小工具。在 InterViews 中，Interactor 是小工具的基底類別，因此 MonoScene 是一個 Interactor。InterViews 還提供了 SF_Polygon、SF_Rect、Line 及 Picture 類別，這些類別實作了圖形物件。Picture 是 **COMPOSITE** 模式中的 Composite 類別，而其餘的則是該模式中的 Leaf 類別。ibuild 的使用者已經將這些實例匯出，這樣擴展類別就能夠存取它們。

雖然 Clock_core 看起來好像只定義了為數不多的成員函數，但它的介面實際上相當大，主要是因為 Interactor 的介面相當大。Clock_core 還從

Interactor 和 MonoScene 那裡繼承了大量的預設實作。在 Clock_core 增加
的方法中，只有 Interior 做了些事情：它將小工具和圖形物件（包括匯出的
和未匯出的）組裝成使用者介面。Interior 是非虛擬函數，這是因為使用者
介面的組裝完全是在建構工具中指定的，所以根本沒有必要去覆寫它，我們只
需要在建構工具中重新調整使用者介面就可以了。

但我們確實需要在程式中增加一些行為。為了增加行為，我們要對擴展類別進
行修改。下面是擴展類別在修改之前的樣子。

```
class Clock : public Clock_core {
public:
    Clock(const char*);
};
```

建構函數不做任何事情。雖然擴展類別還沒有任何行為，但我們可以建立它的
實例並顯示時鐘的外觀，這要歸功於 Clock 繼承得到的「產生的程式碼」。我
們要做的只是覆寫一些方法。

setTime、setAlarm 及 snooze 是在建構工具中指定的。它們是對應的按鈕被
按下時要執行的方法。在預設的情況下，它們不做任何事情。為了讓它們做些
有用的事情，我們在 Clock 中覆寫它們。我們的 Clock 類別每一秒都會收到
InterViews 的定時器事件，為了對該事件進行處理，我們還需要增加程式碼來
旋轉時鐘的指針。

我們做的變更簡單明瞭，但這足以使 Clock 類別成為一個完整的應用程式。

```
class Clock : public Clock_core {
public:
    Clock(const char*);

    void run();

    virtual void setTime();
    virtual void setAlarm();
    virtual void snooze();

    virtual void Update();
```

```
private:
    void getSystemTime(int& h, int& m, int& s);
    void setSystemTime(int h, int m, int s);
    void alarm();
private:
    float _time;
    float _alarm;
};
```

經過修改的建構函數將_alarm（用來儲存鬧鐘的時間）和_time（用來儲存上一次更新的時間）初始化為零。run 函數實作事件循環。它最多等待一秒鐘的時間，看看是否有使用者輸入事件發生，然後更新時鐘的外觀來反應當前的時間。當前的時間由 getSystemTime 函數得到。run 是一個模板方法，alarm和 Update 是它的基本方法。當鬧鐘應該叫的時候，它會呼叫 Update（順便提一下，這個函數繼承自 Interactor）來更新時鐘的外觀。為了將重繪減到最少，Update 會計算出每個時鐘指針從上次到本次更新，應該要旋轉的角度。如此一來，它只會旋轉那些必須移動的指針。

為了讓 setTime、setAlarm 及 snooze 完成它們的工作，我們覆寫了它們。具體來說，setTime 和 setAlarm 必須彈出對話框（當然也是用 ibuild 建立的）以便從使用者那邊收集資料。getSystemTime 和 setSystemTime 只不過是一些輔助函數，它們對系統呼叫進行了封裝，用來得到和設置系統的時間。

3.4.8 已知案例

ibuild [VT91]在一個使用者介面的建構工具中，率先使用了 GENERATION GAP。

※　※　讀者提供的實際案例　※　※

原來的文章寫到這裡就結束了，我忐忑不安地告訴讀者缺乏其他已知的應用是該模式未能被收錄到《設計模式》一書的主要原因。我還藉此機會懇請讀者提供例子，並得到了許多回應。David Van Camp 是這麼寫的[VanCamp96]：

當我在閱讀這個模式時，我突然想起一個名叫 Visual Programmer 的

工具，它是伴隨 Symantec C++ 6.0 for Windows/DOS 一起發佈的，由 Blue Sky Software 開發。Blue Sky 的工具一直以來都給我深刻的印象，這個也不例外。我記得，Visual Programmer 會自動產生兩組原始檔案——一組是產生的程式碼，而另一組則是一些空類別，供使用者按需求修改（即 GENERATION GAP）。因為手冊上的版權訊息是 1993 年的，所以應該是不久前。雖然我從來沒有真正使用過這個工具，但它給我的印象實在是太深刻了，讓我至今都記憶猶新。

David 還提到了 Forte Express，它是一個分散式環境的應用程式建構工具 [Forte97]。為了讓使用者能夠輕易將自己的程式碼加到 Forte 的函數庫和 Express 產生的程式碼中間，Express 使用了 GENERATION GAP 的一個變體。

如果讀者認為這個模式只對建構工具有用，那麼 Chris Clark 和 Barbara Zino [CZ96]提供了一個反例：

> 我們在 Yacc++和 Language Objects 函數庫中使用了 GENERATION GAP 的一個變體。你也許能夠從名稱上猜出來，我們的工具是根據程式語言的描述，來產生詞彙分析器和語法分析器。更重要的是，與這個工具一起發行的還有一個函數庫，該庫提供了一個典型編譯器前端的框架。實際的轉換表（transition table）是由工具產生的，需要和相對應的（詞彙分析和語法分析）引擎一起使用。因此，當工具產生使用者指定的類別時，產生的類別是從相對應的引擎類別中衍生得到的。這種分離的方式與你提到的 GENERATION GAP 非常相似。實作程式碼和物件成員都在函數庫的類別中。衍生類別可以隨意覆寫那些需要特製的成員函數。

許多人提議將 CORBA 的 stub generation 作為一個例子。Gerolf Wendland 在這件事上做得特別出色，他甚至從 Jon Siegel 的《*CORBA Fundamentals and Programming*》[Siegel96]一書中參考了大量的程式碼。Gerolf 寫到：

> CORBA 的 Orbix 實作運用了一個類似的模式（也許完全相同）。我會從書中摘錄範例程式碼同步送給你。

首先假設我們採用了（符合 CORBA 規範的）BOA 方法。讓我們以 StoreAccess 介面為例。IDL 編譯器對這個介面進行編譯並產生 StoreAccessBOAImpl 類別。該類別包含了與 Orbix 執行時系統協作所需要的所有功能，當然，它還包含了原先在 IDL 描述中指定的所有方法。

為了提供我們自己的方法，我們必須從 StoreAccessBOAImpl 衍生子類別並覆寫那些來自於 IDL 描述的方法。雖然程式設計師可以給子類別取任何名稱，但我們遵照 Orbix 建議的約定將它命名為 StoreAccess_i（後綴 i 代表實作，即 implementation）。

Orbix 的 IDL 編譯器提供了一種方法來為 StoreAccess_i 產生骨架程式碼。但是，一旦我們使用並擴展了骨架程式碼，就沒有辦法在重新產生骨架程式碼時保留原本的變更。但對那些包含 StoreAccessBOAImpl 類別的定義和實作的檔案來說，我們想要重新產生多少次都可以。

下表可以將你的命名方法與 Orbix 的命名方法對應起來：

StoreAccessBOAImpl	⇔	StoreAccess_core
StoreAccessBOAImpl_i	⇔	StoreAccess
（或者其他名稱）		

有意思。根據這裡的迴響和其他的迴響來判斷，我認為現在可以放心地宣佈：GENERATION GAP 的已知應用已經突破了一個模式應該達到的臨界點。

在結束對 GENERATION GAP 的討論之前，讓我們來看一看最後一節。

3.4.9 相關模式

核心類別經常使用模板方法來讓產生的程式碼既靈活又能夠被重用。工廠方法能讓擴展類別對核心類別內部使用的物件（例如各種 Strategy）加以控制。

※　　※　　英雄所見略同　　※　　※

在我心中，始終為 GENERATION GAP 保留一個特殊的位置，即便在我還不認為它是一個真正的模式時，也是如此。ibuild 工具最初產生的程式碼雖然高度實用，但難以維護，因此只適合在第一次建立使用者介面時使用。GENERATION GAP 使 ibuild 不僅支援 GUI，而且還能支援一些行為，進而讓它變成了一台真正能建構應用程式的強大機器。當時我們也許還不知道別人也運用了 GENERATION GAP，但現在當我得知許多人確實用到了這個模式時，我完全不感到驚訝。

如果讀者想要產生任何類型的物件導向程式碼，請試一試 GENERATION GAP。同時請告訴我「你是如何使用它的」，特別是如果你的使用方式是在這裡沒有提到的。對應用層面來說，最重要的概念就是——永遠都不嫌多。

3.5　Type Laundering

有些東西不對勁，事情開始變得棘手了。

為了找回遺失的型別資訊，我們做出很大的努力。雖然我們一而再、再而三地發現自己正在使用 dynamic_cast，但我們別無選擇，因為我們使用的愚蠢框架不知道我們對它的介面所做的擴展。這種痛苦是一個清晰的標記，顯示設計上的缺陷。好消息是有一種方法能夠將這樣的缺陷變成特性，而且還是相當有用的特性。

想像一個即時控制系統的框架，它定義了一個名為 Event 的抽象基底類別。基於這個框架的應用程式使用 Event 的子類別來對特定領域的事件進行建模。不同的應用程式需要不同類型的事件：就拿自動販賣機來說，除非設計它的目的是為了對付蠻橫的鄰居，否則它的事件和巡弋飛彈的事件肯定有很大的不同。

由於特定領域的事件是如此多樣化，因此框架的設計者甚至沒有嘗試去定義一個像樣的 Event 介面。相反地，Event 只定義了幾個對於各種事件都有意義的方法。

```
virtual long timestamp() = 0;
virtual const char* rep() = 0;
```

timestamp 用來回傳事件發生的確切時間，rep 用來回傳事件的底層表示，也許是直接從網路或受控設備傳來的 Message。讓定義和實作更具體、讓應用程式有更友善的操作，是子類別的任務。

讓我們以自動販賣機為例。它的 CoinInsertedEvent 子類別增加了一個 Cents getCoin() 方法，該方法回傳顧客投入硬幣的幣值。另一種事件 CoinReleaseEvent，則在顧客要求退幣時被觸發。getCoin 和類似的方法將用 rep 來實作。如果 rep 是公有的，那麼這些事件的客戶端程式碼自然可以直接使用 rep。但我們沒有理由將 rep 定義為公有的：rep 幾乎沒有提供任何抽象，它讓客戶端程式碼在獲取想要的訊息時頗費周章。因此將 rep 定義為 protected 更加合適，這樣只有子類別才能存取它，用它來實作更具體的介面。

但這裡有一個潛在的問題，其根源在於框架無法為事件定義一個統一的介面。框架既不知道，也無法知道 Event 在特定領域中的子類別的任何訊息。畢竟，子類別是程式設計師後來在應用程式中定義的，這距離框架的設計、開發和發行已經很久了。框架只知道所有的事件都會實作一個基本介面，其中包括 timestamp 和 rep 方法。

我們忍不住要問下面兩個問題：

1. 框架如何為特定領域的子類別**建立實例**？

2. 當應用程式的程式碼從框架處得到 Event 型別的物件時，如何**存取子類別特有的方法**？

在《設計模式》介紹的生成模式當中的任何一個模式，我們都可以找到第一個問題的答案。例如，框架可以定義工廠方法（來自 FACTORY METHOD 模式），讓它們回傳 Event 在特定領域中的子類別實例。當框架需要新的實例時，它不會呼叫 new，而是使用工廠方法。為了回傳特定領域的實例，應用程式必須覆寫這些工廠方法。

如果不想僅僅為了建立特定領域事件的實例而定義子類別，那麼我們可以使用 PROTOTYPE 模式。PROTOTYPE 透過複合的方式來代替 FACTORY METHOD。只要給 Event 基底類別增加一個 virtual Event* copy()方法，框架程式碼就可以使用事件物件來建立它們的副本。因此我們不必編寫如下的程式碼：

```
Event* e = new CoinReleaseEvent;
```

（框架不可能這樣做，因為程式碼中參考到了特定領域的類別），我們現在可以編寫如下的程式碼：

```
Event* e = prototype->copy();
```

在此，框架已經知道了 prototype 實例的型別，那就是 Event。由於 copy 是一個多型方法，因此 e 可以是 Event 的任何子類別，既可以是特定領域的子類別，也可以不是特定領域的子類別。框架的實作者只要確保 prototype 在被使用之前已經初始化完畢，確切地說，是已經被初始化為 Event 的某個子類別的實例。應用程式可以在初始化階段執行這個操作，也可以在框架呼叫 prototype->copy()之前的其他時間執行這個操作。

關於建立特定子類別的實例就到此為止。現在來看第二個問題。有沒有什麼模式能夠從一個實例中重新得到型別資訊？說得更具體一些，如果框架提供了如下的方法：

```
virtual Event* nextEvent();
```

那麼應用程式如何知道它得到的 nextEvent 事件是何種型別？因為只有這樣，它才能夠呼叫子類別特有的方法。

好吧，我們總是可以用蠻力來解決。

```
Event* e = nextEvent();
CoinInsertedEvent* ie;
CoinReleaseEvent* re;
// similar declarations for other kinds of events

if (ie = dynamic_cast<CoinInsertedEvent*>(e)) {
    // call CoinInsertedEvent-specific operations on ie
```

107

```
    } else if (re = dynamic_cast<CoinReleaseEvent*>(e)) {
        // call CoinReleaseEvent-specific operations on re

    } else if (...) {
        // ...you get the idea
    }
```

在程式碼中的任何地方，只要應用程式需要處理來自框架的事件，我們都必須這樣做，這簡直太痛苦了。不僅如此，如果我們後來要從 Event 衍生新的子類別，那將會加劇這種痛苦，一定還有更好的辦法。

為了在不使用動態轉型的前提下重新得到型別資訊，我們通常會用到 VISITOR。運用該模式的第一步就是給 Event 基底類別增加一個 void accept(EventVisitor*)方法，其中，EventVisitor 是能夠存取事件的所有物件的基底類別。由於框架定義了 Event 類別，因此它也必須定義 EventVisitor 類別。此時我們遇到了另一個障礙：應該如何定義 EventVisitor 的介面？

我們知道，抽象的 Visitor 介面必須為 visitor 能夠存取的每種型別的物件定義 visit 方法。但如果框架不知道這些物件的型別，那該怎麼辦呢？自動販賣機的事件的 visitor 需要類似下面的方法：

```
    virtual void visit(CoinInsertedEvent&);
    virtual void visit(CoinReleaseEvent&);
    // and so forth, a visit operation for each domain-specific event
```

顯然，EventVisitor 之類的框架類別無法定義這些方法。看來即便是 VISITOR 模式也無法將我們從可怕的 dynamic_cast 中拯救出來。唉……

※　※　近似於 MEMENTO 模式　※　※

無論表面看起來怎麼樣，此處的目的並不是在抱怨喪失了型別資訊，而在於對此加以利用。讓我們現在先暫時忘記 Event，來考慮在 MEMENTO 模式中一個看似無關的問題。（不用擔心，稍後我們會為艱難的 Event 問題，尋求一個完全不同的解決方案。）

MEMENTO 模式的目的是記錄物件的狀態，並將狀態保存在外界，以便日後將物件恢復到原本的狀態。這聽起來可能很簡單，但我還沒有提到一個重要的原則：在保存狀態於外界時，必須**不破壞物件的封裝**。換句話說，對其他物件來說，該物件的內部狀態應該是**可用的**，但卻是**不可見的**。這自相矛盾，不是嗎？

事實上並非如此，我們可以用一個簡單的例子來解釋其中的差別。正如我們在 ITERATOR 描述的那樣，一個游標（cursor）是一個迭代器（iterator），除了在巡訪的過程中作為位置標記，它什麼事也不做。在巡訪的過程中，被巡訪的 Structure 物件將游標「向前移動」，讓它指向要巡訪的下一個元素。該 Structure 物件還可以替客戶端將它「解除參考」，就像下面的程式碼這樣：

```
Structure s;
Cursor c;

for (s.first(c); s.more(c); s.next(c)) {
    Element e = s.element(c);
    // use Element e
}
```

游標類別沒有任何方法可供客戶端程式碼存取。只有被巡訪的 Structure 物件能夠存取游標類別的內部成員。Structure 類別之所以能夠獨享特權，是因為游標類別中的訊息實際上是 Structure 類別內部狀態的一部分。正因為如此，它必須被封裝起來，這也是游標為什麼是 Memento 的原因。至於該模式的其他參與者，Structure 類別是 Memento 的 Originator，而客戶端則是 Caretaker。

解決這個問題的關鍵在於實作一個兩面物件。Structure 類別看到的是一個允許存取狀態訊息的寬介面，而其他客戶端程式碼看到的 Memento 介面則是一個窄介面，甚至根本不存在。如果允許客戶端程式碼存取 Memento 的內部狀態，將危害到 Structure 類別的封裝。但我們怎樣才能在 C++中，給一個物件以兩種不同的介面呢？

MEMENTO 模式建議使用 friend 關鍵字。Originator 是 Memento 的友誼類別，它可以存取寬介面，其他的類別則無權存取寬介面。

```
class Cursor {
public:
    virtual ~Cursor();
private:
    friend class Structure;

    Cursor () { _current = 0; }

    ListElem* getCurrent () const { return _current; }
    void setCrrent (ListElem* e) { _current = e; }
private:
    ListElem* _current;
};
```

在這個例子中，Cursor 只保存了一個指標。該指標指向一個 ListElem 物件，Structure 類別在內部使用它來表示雙向鏈結串列中的節點。ListElem 物件內部保存了三個指標，分別指向鏈結串列中的前一個節點、鏈結串列中的後一個節點，以及 Element 物件。Structure 的各方法對 _current 進行操控來記錄巡訪過程中的指標當前位置。

```
class Structure {
    // ...

    virtual void first (Cursor& c) {
        c.setCurrent(_head);
            // _head is the head of the linked list,
            // which Structure keeps internally
    }

    virtual bool more (const Cursor& c) {
        return c.getCurrent()->_next;
    }

    virtual void next (Cursor& c) {
        c.setCurrent(c.getCurrent()->_next);
            // set current to next ListElem*
    }

    virtual Element& element (const Cursor& c) {
        return *c.getCurrent()->_element;
    }
```

```
        // ...
    };
```

總之，為了記錄巡訪過程中的當前狀況，MEMENTO 允許 Structure 類別存取 Cursor（Memento）中必要的機密訊息。

熟悉 friend 關鍵字的人可能會注意到這種作法存在一個嚴重的缺點。由於友元關係是不能繼承的，因此 Structure 的 Substructure 子類別並不具備它的父類別所具備的特權。換句話說，Substructure 的程式碼無法存取 Cursor 的隱秘介面。

如果 Substructure 只是從 Structure 那裡繼承游標處理方法，那麼這並不是什麼大問題。但如果 Substructure 需要覆寫這些方法，或者它必須實作其他與游標有關的功能，那麼它將無法呼叫 Cursor 的私有方法。舉個例子，假設 Substructure 自己有一個子元素的串列，這個串列在巡訪的時候應該被包括在內。換句話說，當 next 到達 Structure 的鏈結串列尾部時，它應該自動向前移動到 Substructure 的鏈結串列頭部。這需要覆寫 next 並適當設置游標的 _current 成員。

避開這個問題的一種方法是，在 Structure 中定義一些受保護的對等介面，除了將它們的實作直接委託給游標之外，這些介面與 Cursor 的介面完全一致。

```
    class Structure {
        // ...
    protected:
        ListElem* getCurrent (const Cursor& c) const {
            return c.getCurrent();
        }
        void setCurrent (Cursor& c, ListElem* e) {
            c.setCurrent(e);
        }
        // ...
    };
```

如此，Structure 就可以將它的特權延續給它的子類別。但對等介面通常是個錯誤。它們不僅醜陋，而且多餘，它們還大大增加了修改介面的工作量。如果

我們能夠避免對等介面,或者更好是能夠完全避免使用 friend 關鍵字,那麼許久的未來也許我們會感謝自己。

這裡就是我們可以將設計缺陷變成「特性」的地方。我甚至還給它取了個名字:type laundering。其基本的想法是,為 Cursor 定義一個抽象基底類別,將介面中應該是公共的部分放到抽象基底類別中。在我們的這個例子中,只有解構函數是公有的。

```cpp
class Cursor {
public:
    virtual ~Cursor () { }
protected:
    Cursor ();
    Cursor (const Cursor &);
};
```

為了防止使用者建立這個類別的實例(也就是說,為了確保 Cursor 能夠作為抽象基底類別來使用),我們對於預設建構函數和複製建構函數進行了保護。將解構函數宣告為純虛擬函數可以達到相同的目的,但那樣會強迫子類別定義解構函數,即便它們並不需要。無論採取哪種作法,具有特權的介面都是在子類別中定義。

```cpp
class ListCursor : public Cursor {
public:
    ListCursor () { _current = 0; }

    ListElem* getCurrent () Const { return _current; }
    void setCurrent (ListElem* e) { _current = e; }
private:
    ListElem* _current;
};
```

如此一來,Structure 裡頭那些在參數中使用 Cursor 的方法,必須將參數向下轉型為 ListCursor,這樣才能夠存取經過擴展的介面。

```cpp
class Structure {
    // ...

    virtual void first (Cursor& c) {
```

```
        ListCursor* lc;

        if (lc = dynamic_cast<ListCursor*>(&c)) {
            lc->setCurrent(_head);
                // _head is the head of the linked list,
                // which Structure keeps internally
        }
    }

    // ...
};
```

動態轉型可以確保該 Structure 實例所存取和修改的一定是 ListCursor 物件。

這個設計最值得一提的一點是，如何建立游標的實例。顯然，客戶端程式碼不能再直接建立 Cursor 或其子類別的實例，只有 Structure（及其子類別）才知道自己使用的是何種型別的游標。因此我們使用 FACTORY METHOD 的一個變體來對建立實例的程序抽象化。

```
class Structure {
public:
    // ...

    virtual Cursor* cursor () { return new ListCursor; }

    // ...
};
```

由於 cursor()的回傳型別為 Cursor*，因此客戶端將不能存取子類別特有的方法，除非客戶端程式碼胡亂透過（動態）轉型來找出回傳值的型別，但如果標頭檔中沒有匯出 ListCursor，那麼這種作法也行不通。同時，Structure 的子類別可以自由重新定義對游標進行控制的方法，例如 more、next 及 element。

圖 3-12 對基於 type laundering 的實作進行了總結。我們可以將它和《設計模式》一書第 285 頁上 MEMENTO 的結構圖做一個比較。其主要的區別在於參考了 ConcreteMemento 子類別，該子類別給基本的 Memento 介面增加了具有特權

的介面。Originator 知道它們處理的是具體的 Memento，畢竟這些 Memento 實例是它們自己建立的。但 Caretaker 幾乎不能對 Memento 做任何事情，因為它們看到的只是基本介面。雖然在這張圖中沒有展現出來，但 type laundering 使得我們的 C++實作不必使用 friend 關鍵字，進而讓我們不必再為如何避開 friend 關鍵字這個缺點而絞盡腦汁了。

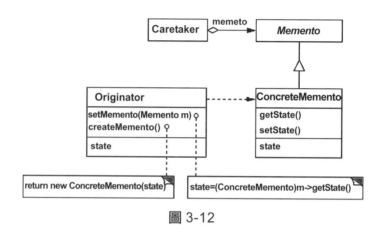

圖 3-12

一個小小的 type laundering 能夠理清我們的設計，真是不可思議。

3.6 感謝記憶體洩漏

好了，在前面說 cursor() 的實作是這個設計「最值得一提的一點」時，我撒了一個小小的謊。如果我們在實作這個設計時，使用的程式語言具備垃圾回收功能，那麼我前面說的完全正確。但對 C++而言，我們把釋放游標（由 cursor() 方法建立）的責任交給了客戶端程式碼，這就讓記憶體洩漏出現了許多機會。另外，當我們把從堆積（heap）中分配的游標傳給 first 和 more 之類的方法時，由於回傳的型別是 Cursor*而不是 Cursor&，因此必須對回傳值進行解除參考（dereference），這著實讓人感覺不舒服。

我們可以用 Dijkstra 的萬靈丹 —— 加入一個間接層 —— 來解決這個問題。具體地說，我們將實作 Cope 的 Handle-Body 慣用法[Coplien92]的一個變體。我們不

再將 Cursor 作為 Memento 抽象基底類別，而是定義一個 Body 類別 CursorImp 來代替它：

```
class CursorImp {
public:
    virtual ~CursorImp () { }

    void ref () { ++_count; }
    void unref () { if (--_count == 0) delete this; }
protected:
    CursorImp () { _count = 0; }
    CursorImp ( Const Cursor& );
private:
    int _count;
};
```

與 Handle-Body 慣用法中大多數的 Body 一樣，CursorImp 物件採用了參考計數。CursorImp 的具體子類別是 ConcreteMemento，也就是說，它們定義具備特權的介面。因此 ListCursor 的例子就變成了下面這樣：

```
class ListCursorImp : public CursorImp {
public:
    ListCursorImp () { _current = 0; }

    ListElem* getCurrent () Const { return _current; }
    void setCurrent (ListElem* e) { _current = e; }
        // same privileged operations as before
private:
    ListElem* _current;
};
```

這種作法和原本作法的關鍵區別在於：客戶端程式碼不會直接處理 CursorImp 物件。相反地，我們參考一個具體的 Cursor 類別來作為我們的 CursorImp （Body）的「handle」：

```
class Cursor {
public:
    Cursor (CursorImp* i) { _imp = i; _imp->ref(); }
    Cursor (Cursor& c)    { _imp = c.imp(); _imp->ref(); }
    ~Cursor ()            { _imp->unref(); }
```

```
            CursorImp* imp ()        { return _imp; }
        private:
            static void* operator new (size_t)    { return 0; }
            static void operator delete (void *) { }
            Cursor& operator = (Cursor& c)         { return c; }
                // disallow heap allocation and assignment for
                // simplicity and to avert common mishaps
        private:
            CursorImp* _imp;
        };
```

作為 handle，Cursor 聚合了 CursorImp 子類別的一個實例。Cursor 還會確保對它參考的實例進行正確的參考計數。Originator（即 Structure 類別）在回傳 Cursor 物件時使用了這些類別，使得回傳的 Cursor 物件看起來就像是從堆疊上分配的那樣：

```
        class Structure {
        public:
            // ...

            virtual Cursor cursor () { return Cursor(new ListCursorImp); }

            // ...
        };
```

由於 cursor() 回傳的是 Cursor 物件，而不是參考，因此這可確保客戶端程式碼會呼叫複製建構函數：

```
        Structure s;
        Cursor c = s.cursor();  // sole modification to original example
                                // on page 95
        for (s.first(c); s.more(c); s.next(c)) {
            Element e = s.element(c);
            // use Element e
        }
```

請注意，與 cursor() 原本回傳指標的版本不同的是，這裡不需要再對 c 進行解除參考。

我們唯一需要做的另一處修改是在恢復 ConereteMemento 的動態轉型程式碼：

```
class Structure {
    // ...

    virtual void first (Cursor& c) {
        ListCursorImp* imp;

        if (imp = dynamic_cast<ListCursorImp*>(c.imp())) {
            imp->setCurrent(_head);
        }
    }

    // ...
};
```

不可否認，對 Memento 的實作者來說，這比沒有使用參考計數的版本要複雜一些。但這使得基於 type laundering 的版本對客戶端程式碼來說，就像是基於 friend 關鍵字的版本一樣容易使用，而且基於 friend 關鍵字的版本在實作時也同樣有其複雜性。

儘管如此，我從來都未曾喜歡過倒垃圾。;-)

※　※　近純虛擬解構函數　※　※

Michael McCosker 寫到[McCosker97]：

> 你提到使用一個純虛擬解構函數來強制子類別定義它們自己的解構函數。我對 C++的理解是所有的解構函數都會被呼叫。在我工作的環境中（PC 上的 Win32），在位址零呼叫解構函數會導致分頁錯誤[7]。這個問題是不是該環境特有的？還是說我們從來就不應該定義純虛擬解構函數？

在 C++中，我更傾向於透過「對建構函數進行保護」來宣告抽象類別，而不是讓「至少一個成員函數變成純虛擬函數」。Type laundering 的例子在一定程度上展示了這種方法的好處。下面就是我們討論的那個類別：

---

[7]　[譯者注] 這是因為抽象基底類別的純虛擬解構函數只有宣告而沒有定義，所以它的位址為零。

```
class Cursor {
public:
    virtual ~Cursor () { }
protected:
    Cursor();
    Cursor(const Cursor&);
};
```

剩下一種使 Cursor 成為抽象類別的作法是「將解構函數宣告為純虛擬函數」。但「純虛擬解構函數」到底是什麼意思？由於解構函數本身不會被繼承，而所有的解構函數最終都會被呼叫，因此我們必須定義純虛擬解構函數。這有可能嗎？

的確如此。考慮來自 C++標準草案[ASC96]的下面這段話：

> §10.4，第 2 段：「只有當必須用 qualified_id 語法顯式呼叫一個函數時，才需要將該函數定義為純虛擬函數……注意：函數宣告不能既指定 pure_specifier 又提供函數定義。」

由於純虛擬解構函數實際上會在解構的過程中被顯式呼叫，這段話顯示我們必須對純虛擬解構函數進行定義 —— 不是在宣告的地方，而是在另一個地方定義：

```
class Cursor {
public:
    virtual ~Cursor () = 0;
};

Cursor::~Cursor() { }
```

我認為兩種作法之間沒有太大的差別。一種作法是必須對每個建構函數進行保護，而另一種作法則是必須定義一個純虛擬解構函數。無論是哪一種作法，我們都得做些什麼。

3.7 推拉模型

在前面即時控制系統的例子裡，我們還有一個問題懸而未決，它牽涉到框架如何將事件傳入程式碼。標準的作法是，框架定義下面的方法，供應用程式在想要處理事件的時候呼叫：

```
virtual Event* nextEvent();
```

這種作法讓人不悅的地方在於，必須將回傳值向下轉型為程式定義的型別。在自動販賣機的例子中，它迫使我們編寫下面的程式碼：

```
Event* e = nextEvent();
CoinInsertedEvent* ie;
CoinReleaseEvent* re;
// similar declarations for other kinds of events
if (ie = dynamic_cast<CoinInsertedEvent*>(e)) {
    // call CoinInsertedEvent-specific operations on ie
} else if (re = dynamic_cast<CoinReleaseEvent*>(e)) {
    // call CoinReleaseEvent-specific operations on re
} else if (...) {
    // ... you get the idea
}
```

由於框架只知道 Event 基底類別，因此當框架處理一個事件時，它實際上把在 Event 以外宣告的所有型別資訊都「洗掉」（launder out）了，包括所有在子類別中定義的擴展。其結果是型別資訊喪失了，我們必須努力恢復這些資訊。

對介面進行擴展是常有的事，在這些情況下，這個問題就不僅僅是讓人不悅了。事件處理程式碼不是型別安全的，在編譯時期無法對動態轉型的結果進行檢查，這樣一來，如果動態轉型的程式碼寫錯了，那就只有因此而導致程式崩潰時才會被發現。此外還有 tag-and-switch 程式設計風格的典型缺點：程式碼冗長、難以擴展、效率低下。

在用 VISITOR 來試圖緩解這種情況失敗後，我決定要給各位一種完全不同的作法，讓我們繼續看下去。

這種新作法的部分不同之處在於「如何傳遞事件」。目前 nextEvent 是應用程式得到事件的唯一方法。當應用程式準備好處理下一個事件時，應用程式的程式碼會呼叫這個方法。如果應用程式呼叫 nextEvent 時恰好沒有待處理的事件，那麼會發生下面兩種情況之一：呼叫執行緒會被阻塞，或 nextEvent 會回傳一個 null 值，也許這會導致一個忙碌等待（busy-wait）。具體採取哪種作法通常由框架的設計師來決定[8]。無論哪一種情況，整個過程都是由事件的消費者發起的。這就是事件驅動程式設計中的拉模型（pull model），因為事件的消費者（即應用程式）積極地從事件的生產者（在這個例子中就是框架）那裡「拉」出資訊。

與拉模型相對的自然就稱之為推模型（push model）。在這個模型中，事件的消費者被動地等待事件到達的通知。由於事件的生產者必須將訊息推給任意數量的消費者，這個模型要求消費者們向給它們發通知的生產者們進行註冊[9]。

在我們看來，採用推模型還是拉模型的問題，追根究柢是在確立框架的控制中樞。推模型通常會簡化消費者，但代價是讓生產者變得複雜，而拉模型則正好相反。因此，需要考慮的一個重要問題是，生產者程式碼和消費者程式碼的相對數量。如果我們只有為數不多的生產者，但卻有大量的消費者，那麼推模型應該是更好的選擇。以電路模擬（circuit simulation）為例，系統中可能有一個全域時鐘，以及許多依賴它的分支電路（subcircuit）。在這種情況下，採用推模型的時鐘可能會更好，這樣會增加時鐘的複雜度，但不會增加每個分支電路的複雜度。

但要提醒讀者的是，這並不是一個嚴格的法則。可能存在某些因素促使我們選擇拉模型，而不考慮生產者和消費者程式碼的數量。但是，在我們的即時控制框架中，我們可以合理假設消費事件的程式碼比產生事件的程式碼要多得多。由於缺乏反面的例子，因此我們選擇推模型。

8　許多框架為類似 nextEvent 的方法同時提供了阻塞和非阻塞版本。有些框架還允許為阻塞設置超時。

9　推模型是「好萊塢原理」（第 47 頁）的另一個例子。如果想要深入瞭解這兩種事件模型，請閱讀 Schmidt 和 Vinoski 的精彩文章[SV97]。

另一個關鍵的區別在於對事件來源進行集中管理，或者乾脆避免事件來源。目前 nextEvent 將框架中的傳遞機制集中在一起，這使得它成為 type laundering 的瓶頸。因此，如果集中管理是問題所在，那麼透過某種形式取消集中管理難道不是顯而易見的解決方案嗎？

這一點毫無疑問，但還是讓我們先從最重要的開始。如果我們期望的完美解決方案，是一個可擴展且型別安全的事件傳遞機制（事實也的確如此），那麼我們一定要慎重考慮，應該把傳遞事件給應用程式碼的介面放在哪裡，或者至少思考應該把傳遞**應用程式的特有事件**給應用程式碼的介面放在哪裡。這個介面絕對不能在框架中，否則我們會像之前那樣陷入 dynamic_cast 的泥淖。我們不僅必須以一種型別安全的方式來將事件傳遞給程式碼，而且必須允許應用程式在無需修改已有程式碼（無論是框架程式碼還是應用程式碼）的前提下，定義新的事件類型。有了這些限制，再加上從拉模型到推模型的轉換，使得 nextEvent 不能再作為傳遞事件的唯一介面。

現在我們必須解決的問題是，應該把責任轉交給誰。因為擴展性是我們關心的問題，所以我們遲早必須考慮當使用者對系統進行擴展時，應該修改哪些東西。讓我們趁早考慮這個問題，並且假設應用程式最關心的是**新事件的定義**。當然，框架可能會預先定義一些通用的事件，例如 TimerEvent 或 ErrorEvent。但大多數的應用程式會在一個更高的抽象層來定義自己的事件，例如自動販賣機的 CoinInsertedEvent 和 CoinReleaseEvent 類別。

因此，修改的粒度是事件的型別。我之所以這樣說，是因為在發生擴展時，「**修改的粒度和擴展的粒度是否相配**」是我們能否將混亂降到最低的關鍵所在。對功能所做的修改應該和對程式碼所做的修改相當。我們當然不希望對功能做一個很小的修改就導致對程式碼做大量的修改。但反過來會怎麼樣？如果對功能做一個很大的修改卻只需要對程式碼進行很小的修改，那為什麼不可以呢？

這雖然聽起來很誘人，但事實上只是個空想。如果這個想法得以實現，那麼通常意味著下面兩種情況之一：要麼系統的功能不穩定，進而有許多內在缺陷，或者更可能的情況是，修改後的呈現，並不是出自系統本身，而是以另一種方式，通常是利用解釋的不同，來表達變更，例如，用腳本語言而非 C++ 語言。

如果是在後者的情況下，系統不太可能需要修改，因為這裡的「系統」指的是直譯器。事實也的確如此，如果增加功能意味著修改直譯器，那麼一定是某人在某個地方犯了嚴重的錯誤。

修改的粒度和擴展的粒度應該相配，如果讀者將此作為一個有效的原則並予以接受，那麼這對我們的設計有什麼深層的影響？我們顯式地用類別來塑造每一個修改的粒度，即事件的種類。由於類別同時定義了介面及其實作，因此根據相配原則，用來對功能進行擴展的程式碼應該由兩部分組成，一部分是實作程式碼，另一部分則是客戶端程式碼在進行型別安全的存取時所需要的任何特有介面。換言之，一種新的事件應該導致產生一個新的類別——僅此而已。除此之外不應該增加或修改其他任何的程式碼。

現在來概括一下，新的設計應該：（1）透過「推模型」來將事件傳遞給事件的消費者；（2）應用程式特有的每個事件最多只需要一個新類別，而且不需要對已有的程式碼進行修改。我知道，這是一項艱巨的任務，但我們幾乎快要完成了。

首先，讓我們放棄為所有的事件，提供一個公共基底類別的想法。在大多數情況下，客戶端程式碼使用的都是子類別特有的介面，基本上沒有什麼功能需要在基底類別中提供。原本 nextEvent 方法需要多型回傳值，而這個方法現在也不需要了。總之，公共基底類別所提供的價值還不如它帶來的麻煩多。基於上述理由，我們寧可定義單獨的事件類別，而它們的介面恰恰是客戶端程式碼所需要的——不多也不少，如圖 3-13 所示。

圖 3-13

接著，每個類別都有一個獨一無二的註冊介面，如圖 3-14 所示。

與註冊有關的方法有兩個：register 和 notify，它們都是靜態方法。舉例來說，任何實例如果想要得到 CoinInsertedEvent 事件，那麼它必須自己向

CoinInsertedEvent 類別註冊。任何物件都可以通報發生了新的 Coin
InsertedEvent 事件，只需建立一個 CoinInsertedEvent 實例，並以該實例
作為參數呼叫 CoinInsertedEvent::notify 即可。

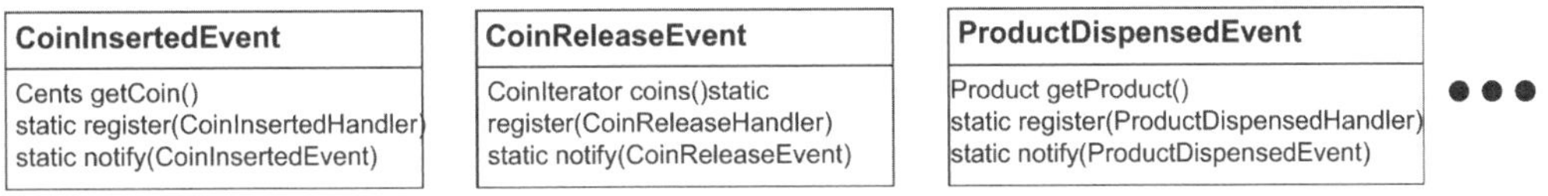

CoinInsertedEvent
Cents getCoin() static register(CoinInsertedHandler) static notify(CoinInsertedEvent)

CoinReleaseEvent
CoinIterator coins()static register(CoinReleaseHandler) static notify(CoinReleaseEvent)

ProductDispensedEvent
Product getProduct() static register(ProductDispensedHandler) static notify(ProductDispensedEvent)

● ● ●

圖 3-14

讀者可能注意到在向事件類別進行註冊時，我們不能使用任意型別的物件，而
必須使用特定型別的物件。如果你不理解我的意思，請看看每個 register 方
法的參數。對 CoinInsertedEvent 來說，註冊的型別必須是 CoinInserted
Handler，對 CoinReleaseEvent 來說則是 CoinReleaseHandler，等等，如
圖 3-15 所示。這些型別是在單獨的混入類別（mixin class）中定義的，它們存
在的唯一目的，就是為了定義事件處理介面。

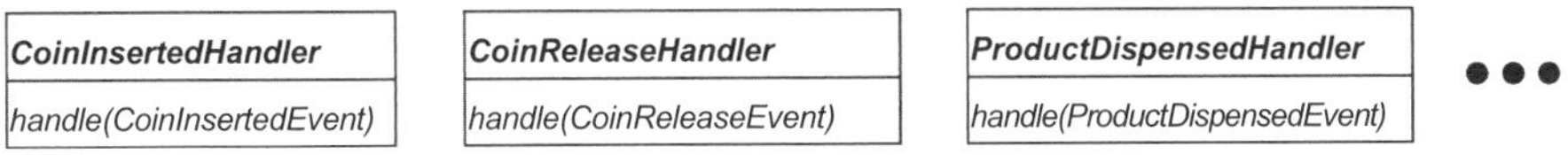

CoinInsertedHandler
handle(CoinInsertedEvent)

CoinReleaseHandler
handle(CoinReleaseEvent)

ProductDispensedHandler
handle(ProductDispensedEvent)

● ● ●

圖 3-15

如果一個類別想要處理這些事件中的一個或多個事件，那麼它必須實作相對應
的介面。舉個例子，讓我們假設 CoinChanger 類別控制自動販賣機裡，找零子
系統的行為。找零子系統想要知道使用者何時按了退幣鈕，以便在需要時提供
找零功能。當一件商品成功交付給使用者時，找零子系統也希望得到通知，以
便準備下一筆交易。因此，CoinChanger 必須**同時**實作 CoinReleaseHandler
和 ProductDispensedHandler 介面，如圖 3-16 所示。

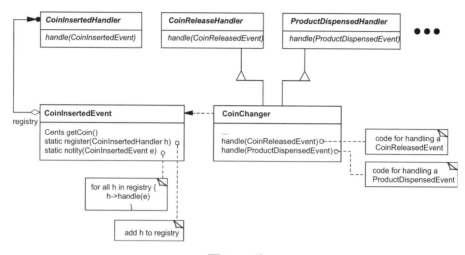

圖 3-16[10]

最後,找零子系統負責將投幣事件通知其他子系統。當硬體感應到使用者投幣時,CoinChanger 會建立一個 CoinInsertedHandler 實例(如圖 3-16 中帶箭頭的虛線所示)來予以回應。在對事件進行必要的初始化之後,它會呼叫 CoinInsertedEvent::notify 並將新的實例作為參數傳入。

然後,notify 會巡訪所有已經註冊並且實作了 CoinInsertedHandler 介面的物件(即所有對投幣事件感興趣的物件)呼叫它們的 handle 方法並將 CoinInsertedEvent 物件傳入。同時,CoinChanger 物件也向 CoinRelease Event 和 ProductDispensedEvent 類別進行了註冊,這也許是在該物件建立的過程中完成的。因此,當自動販賣機的其他子系統產生 CoinReleaseEvent 或 ProductDispensedEvent 事件時,CoinChanger 實例就會得到通知。整個過程中沒有型別檢驗,沒有向下轉型,沒有 switch 語句,沒有任何開玩笑的成分。

進行擴展也同樣容易。假設一種新型的自動販賣機可以收取紙幣,這就要求在控制軟體中加入一個新的 BillAcceptedEvent 事件。完成這個擴展所牽涉到的所有工作就是定義一個 BillAcceptedEvent 類別再加上與之對應的

10　在圖 3-16 中,CoinChanger 同時實作了 CoinReleaseHandler 和 ProductDispensed Handler 介面。

BillAcceptedHandler 類別。然後，對這個新事件感興趣的任何子系統必須做三件事：

1. 向 BillAcceptedEvent 註冊。

2. 繼承 BillAcceptedHandler。

3. 實作 BillAcceptedHandler::handle 來對事件進行處理。

是的，這和我們只需要定義一個新類別而且不修改已有程式碼的目標，還有段距離。我們參考了另外一個介面（BillAcceptedHandler），但那並不需要太多的工作。而且對已有程式碼的修改都僅限於應用程式的程式碼，而不是框架的程式碼，如此，框架只需要預先定義一組固定的事件類別和處理程式介面就足夠了。生活也變得更加美好。

※　※　合理的折衷　※　※

Mark Betz 寫到[Betz97]：

> 你解決了「type laundering」的問題，那是因為這種作法對處理控制框架中的事件來說剛好適用。取消集中管理是一種方案，但它存在一個未曾提及的副作用：你難道不是先把事件處理從框架中去掉，然後才能取消對事件處理的集中管理嗎？

我的回答是：是，又不是。框架仍然能為公共事件定義事件類別和處理程序。我前面提到過兩個，TimerEvent 和 ErrorEvent。取消集中管理並不會阻止重用，兩者之間不存在任何關聯。

如果要讓事件處理達到型別安全（而這正是我們的目的），那麼框架必須避免將一個特定型別的事件和對該事件的處理綁定在一起。這是取消集中管理的目標。如果框架為了定義唯一的事件處理介面而把事件和處理程序綁定在一起，那麼它必須假設出事件的一個共同型別。而應用程式則必須對其動態地進行區分。

另外，這可能是一個合理的折衷。在許多情況下，靜態型別的弊大於利，畢竟，50000 個 Smalltalk[11]程式設計師是不會錯的！但系統越大，或者系統生存的時間越長，它們從靜態型別中受益的可能性也越大。

順便提一句，讀者在這裡看到的，是對 MULTICAST 模式的運用。為了改進該模式，我們已經對它做了大量的修修補補。我們將在下一章對它進行更詳細的介紹。

---

11 [譯者注] Smalltalk 是一種動態型別的程式語言。

第 4 章

愛的奉獻

如果 MULTICAST 還算得上是一個模式的話，那麼它始終只能算是一個未完成的模式。即便如此，我認為在此將這個尚顯凌亂的半成品，介紹給讀者會是一件很有意思的事。我甚至還把我們 4 人（GoF）交流時的想法也加了進來，這應該會更有意思。或許該說實在是太有意思了。最終，人們會理解我們並不比別人擁有更多的先見之明。一旦瞭解我們在模式開發過程中所經歷的混亂，那些認為 GoF 具備非凡能力的人一定會感到震驚。或許我打破一些人的幻想，但現在想想，這應該是件好事。

我們將直接跳到動機部分，暫時略過目的，因為目的部分始終是爭論的主題。本章的情況和上一章所使用的自動販賣機案例相似，但又不完全相同。

1. MULTICAST 模式的動機

如果一個程式的控制流由外部因素（被稱為事件）所控制，那麼該程式是事件驅動的（event-driven）。在即時控制的應用程式中，事件驅動的設計是很常見的。其中一個主要的設計挑戰在於，在使系統可擴展的同時保持型別安全。

讓我們考慮一個現代的數控自動販賣機。它有一些子系統，其中包括一個商品發放機、一個硬幣找零機、一個用於選擇商品的小鍵盤、一個數字顯示螢幕以及一個「黑盒子」—— 這是一個用來控制整個系統的簡單計算機。這些子系統之間，以及它們和顧客之間的交互作用相當複雜。為了管理好這些複雜度，我們可以利用物件來對子系統和它們之間的交互行為進行建模。

舉個例子，當顧客投入一枚硬幣時，CoinChanger 物件（它負責監視硬幣找零子系統）會產生一個 CoinInsertedEvent 物件。這個物件記錄了事件的細節，

包括投幣的時間以及投幣的數量（以分為單位）。其他的類別對其他事件進行建模。KeyPressEvent 顯示顧客在小鍵盤上按了一個鍵。CoinReleaseEvent 的實例對使用者要求退幣的請求加以記錄。ProductDispensedEvent 和 ProductRemovedEvent 物件意謂著商品發放的最終步驟。事件類別的數量可能非常大，且可能沒有止盡：增加一個紙幣找零機需要同時增加與之關聯的事件（例如 BillInsertedEvent），我們希望在這種情況下，對已有程式碼所做的修改應該盡可能地少。

當一個事件建立後，會發生什麼事？哪個（些）物件會使用該事件，事件又如何到達物件那裡？對這些問題的回答，取決於事件的類型（自動販賣機的各種事件及其生產者和消費者見圖 4-1）。只要顧客投入了一枚硬幣，CoinChanger 就會對其後產生的任何 CoinReleaseEvent 感興趣。但 CoinChanger 並不想接收 CoinInsertedEvent，那是它為其他物件建立的。同樣的，雖然 ProductDispensedEvent 實例是由 Dispenser（商品發放機）建立的，但 Dispenser 對於接收這些事件卻並不感興趣。然而 Dispenser 對 KeyPressEvent 卻極感興趣，這是因為應該發放什麼商品是由 KeyPressEvent 決定的。一個子系統對哪些事件感興趣是根據子系統的不同而變化的，變化甚至還可能是動態的。

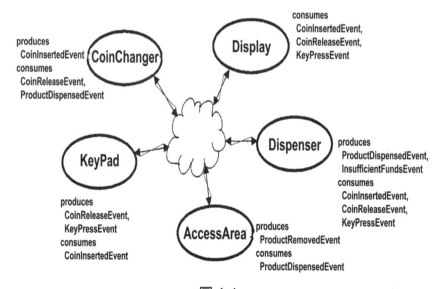

圖 4-1

事件物件、事件生產者及事件消費者，三者之間的依賴關係在這裡變得錯綜複雜。如此複雜的依賴關係不是我們希望看到的，因為它們使得系統更加難以理解、維護和修改。靜態地修改「物件感興趣的事件」應該非常容易，在執行時修改也應該同樣容易。

一個常見的解決方案是使用一個事件註冊表（event registry）來記錄這些依賴關係。客戶端程式碼會在註冊表中記錄它們對哪個事件感興趣。任何物件在建立一個事件之後，會將它傳給註冊表，而註冊表則會把事件傳遞給感興趣的物件。這種方法需要兩個標準介面：一個用於事件，另一個用於想要處理事件的物件（事件註冊表方法見圖 4-2）。

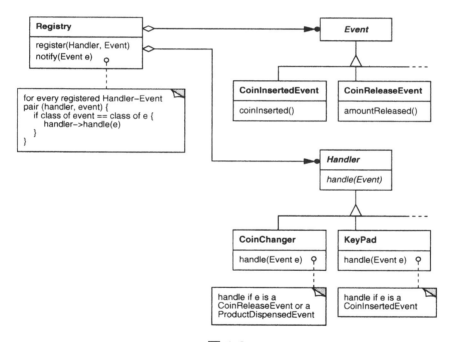

圖 4-2

當 Handler 的子類別（如 Dispenser）的一個實例透過它的 handle 方法（該方法實作了 Dispenser 對該事件的處理）接收到一個事件時，它無法靜態地知道事件的具體型別。這一點非常重要，因為不同型別的事件記錄了不同的訊息，沒有哪個 Event 介面能夠預見到每個子類別的需求。因此，每個 Event 子類別

對基本的 Event 介面進行擴展，來加入子類別特有的方法。為了存取這些方法，Dispenser 必須試圖將事件向下轉型為一個它能夠處理的型別。

```
void Dispenser::handle (Event* e) {
    CoinReleaseEvent* cre;
    ProductDispensedEvent* pde;
    // similar declarations for other events of interest

    if (cre = dynamic_cast<CoinReleaseEvent*>(e)) {
        // handle a CoinReleaseEvent

    } else if (
        pde = dynamic_cast<ProductDispensedEvent*>(e)
    ) {
        // handle a ProductDispensedEvent

    } else if (...) {
        // etc.
    }
}
```

這種作法的問題在於它不是型別安全的。為了存取子類別特有的方法，必須進行動態轉型，而我們在編譯時期無法對動態轉型的結果進行檢查。這意味著一些與型別相關的程式錯誤可能會一直隱藏到執行時才暴露。這樣的程式碼同樣具有 tag-and-switch 程式設計風格所有典型的缺點：程式碼冗長、難以擴展、效率低下。

MULTICAST 模式展示了一種「將訊息傳遞給感興趣的物件」的方式，這種方式不僅可以擴展，而且能夠在靜態保證型別的安全性。這個模式不需要單一根節點的（single rooted）Event 或 Handler 類別層次。相反地，我們要為每個具體的事件類別定義一個抽象的處理程序類別，例如，為 CoinReleaseEvent 類別定義一個 CoinReleaseHandler 類別。任何想要處理 CoinReleaseEvent 的類別必須繼承自 CoinReleaseHandler。其他類型的事件也同樣如此：對事件感興趣的那一方必須繼承自相對應的處理程序類別。

在圖 4-3 中，CoinChanger 繼承自 CoinReleaseHandler 和 Product DispensedHandler，因為它對 CoinReleaseEvent 和 ProductDispensed

Event 都感興趣——在其中任何一個事件發生時，它都可能需要執行退幣方法。和從前一樣，每個處理程序類別定義了一個 handle 方法，讓子類別在該方法中實作對事件的處理。但與原本的註冊表作法不同的是，由於 handle 的參數提供了具體而精確的事件型別，因此這種作法根本不需要向下轉型，該方法能夠靜態地保證型別的安全性。

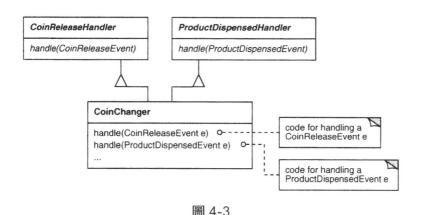

圖 4-3

但如何把事件傳遞給感興趣的物件，也就是說，誰來呼叫 handle？我們可以像以前那樣定義一個包含 register 和 notify 方法的 Registry 類別，不同的是，現在有無數的處理程序類別，因為沒有使用繼承，所以它們之間不存在任何關聯。因此，我們需要的不只是一個 register 方法，而是許多 register 方法，每種類型的處理程序類別都要有一個 register 方法。每當我們定義一種新的事件時，我們都必須在 Registry 類別中增加一個 register 方法。換句話說，我們將不得不修改已有的程式碼。

取消集中管理為解決這個困難提供了一種作法。不同於向一個大型註冊表進行註冊的是，客戶端程式碼現在可以直接向那些建立事件的物件進行註冊。例如，如果一個客戶端程式碼對 CoinInsertedEvent 感興趣，那麼它會向 Coin Changer（即建立這些事件的類別）進行註冊（CoinChanger 的註冊介面及其實作見圖 4-4）。

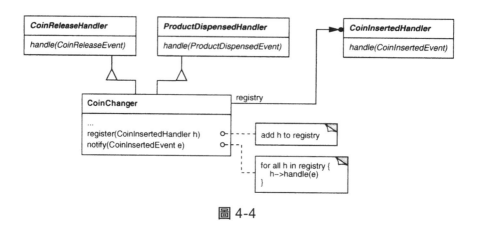

圖 4-4

當 CoinChanger 建立一個 CoinInsertedEvent 時，會呼叫 notify 方法來將該事件傳遞給所有已註冊的 CoinInsertedHandler。編譯器會保證它們接收到的物件正是它們感興趣的事件：CoinInsertedEvent。

與此類似，對 ProductDispensedEvent 感興趣的客戶端程式碼會在 Dispenser 那裡註冊。總之，我們對哪種事件感興趣，就在建立它們的那個類別裡註冊。類似這樣的取消集中註冊改善了可擴展性。當我們定義一種新的事件時，我們修改的程式碼將只限於建立該事件的類別，而集中註冊的方法則需要同時修改註冊表的介面及其實作。

※　※　Erich 的重要意見　※　※

MULTICAST 和第 3 章的設計之間主要的差別在於，客戶端程式碼是在「建立事件的類別」裡，註冊自己感興趣的事件（在前面的例子中就是 CoinChanger）。而原本的設計是讓客戶端程式碼，在「事件類別」那裡進行註冊。事實上，我一開始在動機部分也是那樣做的，但 Erich 對此表示反對。

依我看來，你應該在事件的發送者（sender）那裡註冊，而不應該在事件那裡註冊。在這種情況下，自動販賣機應該有 addCoinRelease Handler、addCoinInsertHandler 之類的方法。

從另一方面來看，我覺得鼓勵大家在適當的時候，把註冊介面放到事件類別中也同樣重要。這樣做的目的是為了使擴展變得更加容易。我們想要在定義新事件時避免混亂。如果註冊機制在一個已有的類別中，那麼我們必須修改它才能加入新的註冊方法。但如果把註冊的介面放在事件本身的話，那會使增加新事件變得更容易。

從建模的角度來說，Erich 是對的，因為在事件類別那裡註冊可能會顯得很不自然。雖然我們討論的是類別的靜態方法，而不是實例方法，但看上去我們好像是在讓一個事件自己註冊自己！

由於 Erich 偏愛的作法構成了一種更常用的情況，因此我們同意該作法應該是最具代表性的設計。所以，結構、參與者、合作方式都把註冊介面放在「發送者」當中。如果我固執己見，那麼我們在動機部分所推薦的設計，將和後面介紹的設計略有不同，最終只會把大家搞糊塗。

2. MULTICAST 模式的結構

具體結構請參見圖 4-5。

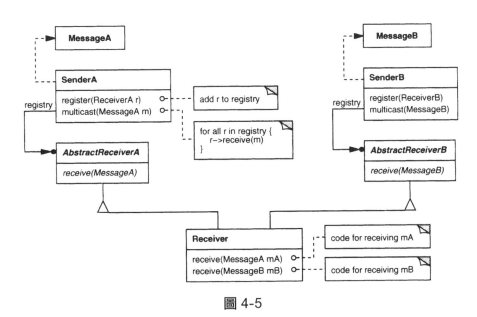

圖 4-5

3. MULTICAST 模式的參與者

Message (ProductDispensedEvent)

- ❏ 對 Sender 發送給 Receiver 的訊息進行封裝。

Sender (Dispenser)

- ❏ 維護 Receiver 物件的註冊表。
- ❏ 定義用來註冊 Receiver 物件的介面。
- ❏ 定義和實作用來「將訊息傳遞給註冊過的 Receiver 物件」的介面。

AbstractReceiver (ProductDispensedHandler)

- ❏ 定義用來接收 Message 物件的介面。

Receiver (CoinChanger)

- ❏ 實作一個或多個 AbstractReceiver 介面。

4. MULTICAST 模式的合作方式

- ❏ 客戶端程式碼透過 Sender 的註冊介面,向發送者註冊接收者物件。
- ❏ Sender 建立訊息的實例,並將它們傳遞給註冊過的接收者。

※　※　共識到此為止　※　※

結構、參與者以及合作方式描繪了大致的情況。為了定義 Event 類別,上一章的例子把 Sender 和 Message 類別混在一起。由於這種選擇有時候仍是可行的,因此我們將它放在實作的部分。

我們四人對於到目前為止的內容都沒有什麼異議,但從時機部分我們開始出現分歧。

5. MULTICAST 模式的時機

當下列條件全部成立時使用 MULTICAST：

- ❏ 一些類別的物件可能希望收到來自於其他物件的訊息。
- ❏ 訊息的結構和複雜度是任意的，而且可能會隨著軟體的逐步發展而產生變化。
- ❏ 應該能夠靜態地保證訊息的傳遞是型別安全的。

雖然這幾點本身還沒有引出反面的意見，但最後一點可能是我們面臨的困難當中的癥結所在，首先讓我先解釋一下我們四個人的偏好。Erich、Richard 和我受 C++的影響很深，它是一種強型別的語言。Ralph 是一個 Smalltalk 程式設計師，而 Smalltalk 不存在任何形式的靜態型別檢驗。有鑑於此，分歧的出現也就不足為奇了。我們三人認為值得將 MULTICAST 歸類為一個設計模式，而 Ralph 卻認為它只是 OBSERVER 模式的一個變體。因此，Ralph 認為 MULTICAST 應該是經過擴展的新 OBSERVER 模式的一部分。

就我們目前的理解而言，OBSERVER 和 MULTICAST 之間存在著明顯的相似性。兩者都維護物件間的依賴關係，兩者都在物件之間傳遞訊息，兩者都強調擴展性，等等。但我們之中的大多數仍然認為，兩者之間存在一個本質上的區別。Erich 很早就表達過這種觀點。

MULTICAST 與 OBSERVER 非常接近，但兩者之間存在著微妙的差異。

的確很微妙。為了嘗試分辨兩者之間的差別，我提出下面這個論點。

> 在 OBSERVER 中，我們討論的是一對多的依賴關係。在運用該模式之前，subject 及其 observer 很可能已經被混合到一個物件中。OBSERVER 把這個混合物件拆開的目的是為了提供更好的靈活性等等。OBSERVER 不太關心物件之間傳遞的訊息或物件本身的可擴展性，它關注的是通知和 subject-observer 間的一致性。
>
> MULTICAST 關注的是 Sender 和 Receiver 之間傳遞的訊息——即

訊息的可擴展性和型別安全性。此外，Sender 和 Receiver 塑造的物件之間通常沒有關聯，而且它們之間的聯繫更加不可預料，而且可能也更具有動態性。

但 Ralph 沒有被說服。

一旦實作了 OBSERVER，你當然會對傳來傳去的東西非常感興趣！《設計模式》中的 OBSERVER 模式對這個問題的討論還不夠。雖然它給出了一些關於推模型和拉模型的提示或類似的見解，但都很模糊而且沒什麼意義。該模式需要變得更加具體，並且需要針對運用 OBSERVER 時可能會產生的問題進行討論。我的看法是，任何一個在大型專案運用 OBSERVER 的人，都需要思考你們所討論的話題。

我不相信 MULTICAST 的 Sender 和 Receiver 塑造的物件之間是沒有關聯的。也許這是因為我漏掉了一些東西的緣故。但在 VisualWorks 這個 Smalltalk 環境下，發送者和接收者通常是無關的，即使有關聯，它們之間的聯繫也可能是非常動態的。由於 VisualComponents（典型的 Observer）和 ValueModels（典型的 Subject）是高度可重用的，而且通常都混搭（mixed-and-matched）在一起，因此它們之間的聯繫也相當不容易預料。

Smalltalk 中不存在任何形式的多重介面繼承，難怪 Ralph 認為 MULTICAST 只不過是 OBSERVER 的一個瑕疵，或者是一個發生了突變的 OBSERVER。讀者是否也認為 MULTICAST 更像是強型別語言中的慣用法，而不是設計模式呢？

在後來的一封來信中，Ralph 就為什麼我們其餘的人會認為值得將 MULTICAST 單獨歸類為一個模式提出了他的看法。

就我看來，你們之所以認為 MULTICAST 重要，其中一個未明確指出的原因是靜態型別檢驗。你們試圖避免型別轉換。你們有兩種不同的作法來避免型別轉換。一種作法是傳遞一個可以直接分發的 Event。另一種作法是建構一個單獨的 Handler 類別層次。我覺得如果採用了第一種作法，那麼就不需要再用第二種作法了，這也是我不清楚

MULTICAST 為什麼需要同時使用這兩種作法的原因。也許是因為你們想要把行為放在 Observer(即 Handler)中,而不是放在 Event 中。但我很清楚的是,OBSERVER 需要討論靜態型別檢驗是如何把事情變得更加複雜的。

總之,OBSERVER 為設計的變體提供了充分的空間。我不認為與 OBSERVER 的其他變體相比,MULTICAST 有什麼非同一般的地方。這也是為什麼 OBSERVER 是一個模式,而不僅僅是一種可重用的機制的原因。在每次使用時,它都會發生變化。當討論 MULTICAST 時,你們實際上討論的是 OBSERVER 一些常見而有用的變體。但是,你們把這些變體打包成一個模式,卻忽略了其他同樣具有意義的變體。我相信更好的做法是對所有的變體進行系統性的研究。

我同意其中的大部分意見,並且根據其他人的沉默來判斷,他們也和我一樣。但我們不能無止盡地往一個模式中加東西。為此,Erich 沒有對這些論點進行反駁,而是提出了一個新的問題。

把一個模式的顯著改進和變體,升格為一個單獨的模式真的很糟糕嗎?與其在實作部分寫上 20 條附註,我寧可將它分成一個單獨的模式。

這裡存在一個問題,對於這個問題我們一直避而不談,那就是模式的伸縮性。它是不是關鍵中的關鍵呢?我認為很有可能。

如何使我們的模式變得更容易伸縮是一片尚未開墾的新領域。對於我們的每一個模式,我都有一個檔案來記錄相關意見、迴響以及我們的任何新見解。這些檔案當中有很多都相當龐大。如果把我們所有瞭解的東西都加入到相對應的模式中,例如把所有與 SINGLETON 有關的內容都加到 SINGLETON 模式中,那麼結果肯定很難看。我們的一些模式已經太長了,例如 OBSERVER 和 COMPOSITE。

我們如何提升「可伸縮性」?將每個模式變成一種模式語言是一種可能性。但我承認我對此並不感興趣。如果能夠發明某種新型的上層建

築，既能包含當前的模式，又能為新的見解、擴展和變體留出空間，那絕對是一種成功。如果我能夠從 MULTICAST 中學到一件事情，那就是我們的模式不能無止盡地膨脹。

我也覺得有必要暫停一下，並提一些基本的問題：

1. MULTICAST 和 OBSERVER 之間是如何聯繫起來的？

2. 它們之間有沒有依賴關係？如果有依賴關係，我們是否必須將它們合併成一個模式？

3. OBSERVER 的一對多依賴關係本身是否有用？

4. 對 OBSERVER 的每一次運用是不是也應該是對 MULTICAST 的運用？

Ralph 對第一點的看法是，MULTICAST 或許是 OBSERVER 的一個「特例/擴展」，再不然就肯定是一個包含了 OBSERVER 的「組合」模式[1]。這兩種情況都意味著兩個模式之間存在依賴關係，至少在某種程度上是如此。他對最後兩個問題的回答更加深了我的這種印象。

OBSERVER 的一對多依賴關係本身有用嗎？答案是只在簡單的系統中有用。當系統變得複雜時，可以透過許多方式來解決。其中一些作法比 MULTICAST 還要簡單。例如，ValueModel 無需將事件變成物件就可以消除大量的 case 語句。

對 OBSERVER 的每一次運用也應該是對 MULTICAST 的運用嗎？我認為這個問題實際上是，「如果本來就打算使用 MULTICAST，那麼再使用不含 MULTICAST 的 OBSERVER 還值得嗎？」我認為有些人會回答「否」。雖然在系統中有一部分若使用一種更簡單的機制有些好處，但由於兩種機制所做的事情極其相似，設計者將不得不從中選擇其一，因此它帶來的複雜性遠遠蓋過它帶來的好處。只使用其中一個，這樣設計師就不必再做出選擇，事情也就變得簡單多了。

如果的確如此，那麼對於許多應該具備伸縮性的 GUI 框架來說，它

---

[1] 這裡的「組合」指的是把模式組合起來，而不是指 COMPOSITE 模式。

們也許應該使用 MULTICAST，因為大型應用程式會需要它。根據這個論點，我們應該在所有地方都用 MULTICAST 來代替 OBSERVER。

主要的反面論述是，對於簡單系統來說，OBSERVER 很好用，而且許多系統都是在它的基礎上建構的。

顯然 Ralph 相信 OBSERVER 和 MULTICAST 之間是有區別的，也是相互關聯的，而且在某種意義上又存在依賴關係。我想，ABSTRACT FACTORY 和 FACTORY METHOD 之間不也存在相似的關係嗎？ABSTRACT FACTORY 使用了 FACTORY METHOD，但它們仍然是兩個單獨的模式。但 Ralph 卻不同意。

模式之間相互依賴的方式有許多種。讓一個抽象工廠不使用 FACTORY METHOD 是可能的，但我敢說讓一個 MULTICAST 不使用 OBSERVER 是不可能的。如果有誰能證明我說的不對，我倒很想聽一聽。

我可以設想運用 MULTICAST 來實作多對一的依賴關係，這和 OBSERVER 闡述的目的正好相反（一對多的依賴關係）。我們沒有再繼續爭論這個問題，但我預計他會說這個例子同樣也是 OBSERVER。因為我們可以把多對一的依賴關係看作是對退化的 OBSERVER 模式的多次運用，也就是說，多對一只不過是許多對 subject-observer 的集合，而它們共享同一個 observer，不是嗎？！

對此我只能表示失望。

還有另一種方法可以閃過我的反例，那就是聲稱 OBSERVER 的目的是錯的，即那個一對多的依賴關係對 OBSERVER 來說，不是一個有效的限制條件。當然，如果我們能夠修改一個模式，那麼我們想要把它變成什麼樣子，都是可以證明的。並不是說我認為我們的模式是神聖不可侵犯的之類，我不過想一次只修改一個變體，目前這個變體叫做「MULTICAST」，而不是「OBSERVER」。

這為我們打開了潘朵拉的盒子，那就是 MULTICAST 的目的部分。

6. MULTICAST 模式的目的

在任意時刻，透過一個可擴展的介面向感興趣的物件傳遞訊息。

Erich 和我認為這很適當地概括了該模式的目的。但 Ralph 卻認為這幾乎等於什麼也沒說。他主張 MULTICAST 和 OBSERVER 的目的之間不應該有任何區別，這也許是把它們合併成同一個模式的最好論證了。

> 我認為 MULTICAST 和 OBSERVER 是用於完全相同的目的。換句話說，它們的目的是相同的。我認為 MULTICAST 現在的目的容易誤導別人，因為它隱藏了這個事實。而另一方面，FACTORY METHOD 和 ABSTRACT FACTORY 的目的是不同的。

> 就我看來，MULTICAST 是 OBSERVER 的一個特例，是一種更加複雜的情況。這並不是用來證明一個分類中不應該有兩個模式的證據，而是當我們決定應該把哪些模式放到這個分類時，值得考慮的一個因素。

> ※　※　Bob 大叔的支援來到 · TYPED MESSAGE 新模式乍現　※　※

在對 MULTICAST 的辯論中，Ralph 的意見代表了其中的一方。另一方認為雖然 MULTICAST 和 OBSERVER 之間確實有聯繫，但它們之間的差異非常顯著，有必要加以分別對待。爭論的分界線也劃分了處理型別的原則，一邊支持弱型別語言，而另一邊支持強型別語言。支持強型別語言的人傾向於將 MULTICAST 單獨成立為一個模式，而支持弱型別的人則認為它在邏輯上只不過是對 OBSERVER 的擴展。在模式四人幫 GoF 中，Ralph 是唯一一個支持弱型別的人。

為了支持將 MULTICAST 單獨成立為一個模式，Richard 提出最後一些論點。

> 我仍然相信 OBSERVER/MULTICAST 是兩個不同而相關的模式……讓我們想想什麼概念發生了變化：在 OBSERVER 中，它是具體的 observer，也許是 subject 的 aspect。在 MULTICAST 中，它是事件的型別。對我來說，這就是兩個模式之間的關鍵區別。因此我不

認為 MULTICAST 是對 OBSERVER 的一個擴展，反之亦然。

注意，兩個模式的共同之處在於兩種解決方案中都存在註冊和通知的概念。但這是一種基本的機制，以便在執行時將發送者和接收者綁定在一起。這和兩個模式要解決的問題並沒有本質上的關係，而是和下面的事實有關：它們需要在物件之間建立聯繫，而註冊/通知是完成這項任務的一種基本機制（模式？）。

讓我們再考慮一下範圍（scope）和變體。從這方面來看，我認為 MULTICAST 的變體包括以下幾個：

1. M_a：全域通知，向 Event 類別（如 MyEvent::register(MyEventHandler)）註冊，John 的文章將之稱為「廣播」。

2. M_b：局部通知，向發送者（如 Sender::registerMyEventHandler(MyEventHandler)）註冊。Erich 更喜歡這種作法，它和我想像的「小範圍廣播」更加接近。

3. M_c：局部通知，向發送者註冊而且只使用單一事件類別（如 Event）。

與此類似，OBSERVER 的變體包括：

1. O_a：對未明確指定的修改進行通知（簡單 OBSERVER），如 Observer::Update()。

2. O_b：對半明確指定的修改進行通知，如各種提示——Subject::Register(Aspect, Observer)。

3. O_c：對明確指定的修改進行通知，如事件—— Subject::registerMyEvent(MyEventHandler)。

注意，M_b 和 O_c 非常相似，O_a 和 M_c 也是。

從這個角度來看，(a) OBSERVER 是對 MULTICAST 的改良，但同樣的，(b) MULTICAST 是對 OBSERVER 的改良。唯一的不同在於在情況(a)

中，我們對事件的範圍實施了越來越多的限制，並最終得到一個特定的 OBSERVER。而在情況(b)中，我們對 OBSERVER 中 Subject 修改的範圍進行了擴展，進而得到一個特定的 MULTICAST。兩種看法都是正確的。

如果把巡訪硬塞到 Visitor 中，我們會看到完全相同的現象，因為得到的東西和 ITERATOR 非常接近。或者我們也可以對 STRATEGY 進行擴展來得到 BUILDER。

我總是喜歡從簡單的模式開始，然後才考慮為了把它變成另一個模式還需要做哪些修改。從剛才的設計我們可以看到，為了把 MULTICAST 變成 OBSERVER，我們需要經歷從 M_a 到 M_b 到 M_c 到 O_a。我始終認為，與模式有關的經驗和智慧，源於兩個模式之間存在的空白地帶。

這算得上是雄辯了吧，但 Ralph 幾乎對每一點都進行了反駁。細節並不重要，假設我們就此陷入了僵局。當我們的討論到達這樣一個半數學境界時，我知道離終點已經不遠了，非此即彼。我是對的：一種溫和的解決方案近在咫尺，但我正在試圖超越自我。

除了擔心永遠無法達成共識之外，這場爭論最讓我擔心的是「它只代表少數人的意見」。因此當 Bob Martin 自願將他的想法告訴我時，甚至他還沒有把話說出口，我都感到歡欣鼓舞，因為我知道他會堅定地站在強型別這邊……

我想要回覆一下你在 MULTICAST 的討論中提出的問題。MULTICAST 是否僅僅是 OBSERVER 的變體？我認為不是。我之所以這麼認為，原因在於 observer 知道它的 subject，但 MULTICAST 中的處理程序不必知道它們的事件來源。

在 OBSERVER 中，我們想要知道某物件的狀態在何時發生變化。因此我們向該物件註冊一個 observer。但是在 MULTICAST 中，我們對某個特定事件的發生感興趣。我們並不關心事件的來源。（順便提一下，這就是為什麼與 Erich 所說的把註冊介面放到事件來源中相比，

我更喜歡把註冊函數放在 Event 中的作法。）[2]

考慮一個鍵盤事件。可能存在於這樣一個系統，它既有一個標準鍵盤，又有一個小鍵盤。這兩種設備都會產生鍵盤事件。軟體並不關心事件的來源。它不關心使用者是在小鍵盤上按了「3」鍵，還是在標準鍵盤上按了「3」鍵，它只想知道使用者按的是哪個鍵。我們還可以用滑鼠和搖桿來支持這個觀點，或者用其他任何可能存在多個事件來源的東西來支持這個觀點。

我認為這是 MULTICAST 和 OBSERVER 之間的根本區別。在 MULTICAST 中，雖然我們仍然在觀察某個物件，但我們並不知道觀察的是什麼。註冊時使用的東西，和產生我們感興趣事件的，並不是同一樣東西。

標準鍵盤和小鍵盤的例子再貼切不過了。它鞏固了我之前提出的一個觀點，那是我在為 MULTICAST 和 OBSERVER 之間與 ABSTRACT FACTORY 和 FACTORY METHOD 之間的關係，進行比較時提出的（本書第 139 頁）。雖然 ABSTRACT FACTORY 很常實作工廠方法來建立每種產品，但那並不表示我們把 ABSTRACT FACTORY 變成了對 FACTORY METHOD 的一個擴展。它們是不同的模式，因為它們具有完全不同的目的。

類似的是，將 MULTICAST 看作是對 OBSERVER 的擴展也與它們的目的相違背。OBSERVER 的目的是在物件之間維護一對多的依賴關係，而 MULTICAST 的目的是以一種型別安全並且可擴展的方式，向物件傳遞經過封裝的訊息。為了強調其中的區別，我對使用 MULTICAST 來實作多對一的依賴關係進行了假設。這和 Bob 舉的例子完全相同，它顯然不在 OBSERVER 的目的之內。

證明完畢，至少我是這麼認為的。奪取最終勝利的任務就留給 Erich 了。

在我的設計模式和 Java 課程中，我必須解釋新的 JDK 1.1 中的事件處理模型。所以我又回過頭來考慮這個問題。我發現在一開始介紹這個

---

[2] 在此明確一下 Erich 的立場，他並不反對將註冊介面放到 Event 類別中。他只不過希望在動機部分的說明，能夠與後續部分的描述更加貼切。

設計的時候，將它和 OBSERVER 聯繫起來會讓講解變得非常容易，因為大家對於 OBSERVER 很熟悉了。下一步我會解釋它在型別安全和註冊方面的改良。因此我認為重要的是說明 MULTICAST 是對 OBSERVER 的改進，以及描述它在哪些方面進行了更改，而不是爭論 MULTICAST 與 OBSERVER 是否不同。雖然這並沒有回答這個問題：我們是否應該將對一個模式的改進，另外獨立成為另一個模式？但我仍然認為答案是肯定的。

事實上，在 GoF 模式中還有另一個例子。BUILDER 是否就是用來建立事物的 STRATEGY？某段時間我們曾就這個問題爭論過。顯然 BUILDER 最終作為一個單獨的模式出現在了書中。

關於名稱：在讀了與型別有關的爭論後，「typed message」這個名稱吸引了我。

有人可能會覺得 Erich 說的話前後不一，儘管他在第一段末尾的「論斷」和原本的相同。但回想起來，這是我們所知的 MULTICAST 的盡頭。

起碼我本人對此感到吃驚，不過我是朝著好的一面想的，因為事情最終似乎變得清晰起來。但一個謹慎的人做了一個 180 度的大轉變，我想要確保我對 Erich 的「頓悟」所隱含的意思有正確的理解。

所以你建議把 MULTICAST 中與註冊和傳遞訊息的部分去掉，把那部分內容放到 OBSERVER 中，再把剩下的部分變成 TYPED MESSAGSE？

Erich 的回覆快得異乎尋常。

是的，我認為就是這樣。我們已經在 OBSERVER 中討論過註冊的問題（參見《設計模式》第 298 頁，第 7 項），還記得嗎？這種處理方式我越想越喜歡⋯⋯

讀者可能沒有注意到，老練而冷靜的 Erich 在此表達了他的激動情緒，這是個好兆頭。

Ralph 隨即對此表示支持。

如果透過 Erich 所說的方式來介紹 MULTICAST/TYPED MESSAGSE，那麼我會比現在高興許多。它和 OBSERVER 之間的關係太明顯了，如果不對此加以強調，那會讓我覺得我們在試圖隱藏一些東西。

當我們在編寫《設計模式》時，我們確實在試圖隱藏一些東西。我們試圖避免談論一個模式是另一個模式的特例，或者一個模式將另一個模式作為組件包含在其中。我們不想佈道，我們只想談論模式。這也是為什麼我們沒有將「abstract class」列為一個模式的部分原因，因為大多數模式都已經包含了它。

我認為對第一本模式書籍的編目來說，這是一個不錯的決定，但現在的世界已經和從前不一樣了。人們想要知道模式之間的關係，而我們需要告訴他們。由於 MULTICAST/TYPED MESSAGSE 和 OBSERVER 之間的關係太明顯了，因此我們需要加以強調，而不僅僅是把它藏在最後「相關模式」的部分。

現在好了，這些長久以來一直存在的分界線，突然變得奇怪而無關了。我們只有在解釋新模式 TYPED MESSAGE 時，才需要提及對 OBSERVER 的擴展。兩個模式之間的「協同」，使得「單獨」的 MULTICAST 模式變得多餘了。

這個新的模式看起來像什麼樣子？事實上它和 MULTICAST 非常相似，至少在寫這本書的時候是這樣。距離完美的 TYPED MESSAGE 我們還有很長一段路要走，這一點無可否認。與此同時，下面是它目前的草稿。

1. TYPED MESSAGE 模式的目的

將訊息封裝在一個物件中，進而使訊息的傳遞能夠以一種型別安全的方式來進行。客戶端可以對物件進行擴展，以便在物件中增加資訊，同時無需犧牲型別安全性。

2. TYPED MESSAGE 模式的動機

基本上就是對 MULTICAST 中自動販賣機的例子稍作修改，強調對事件的封裝擴展，不再強調通知的過程。一些詳細的程式碼已經被移到範例程式部分。

3. TYPED MESSAGE 模式的時機

當下列條件全部成立時，使用 TYPED MESSAGE：

- ☐ 一些類別的物件可能希望收到來自於其他物件的訊息。
- ☐ 訊息的結構和複雜度是任意的，而且可能會隨著軟體的逐步發展而產生變化。
- ☐ 訊息的傳遞應該是靜態型別安全的。

這部分和 MULTICAST 完全一樣。

4. TYPED MESSAGE 模式的結構

具體結構請參見圖 4-6。

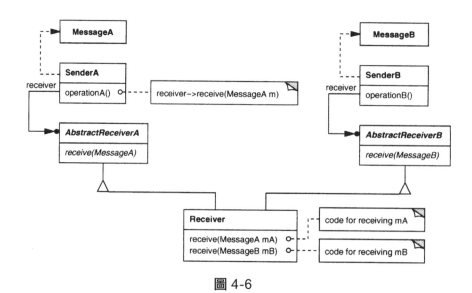

圖 4-6

5. TYPED MESSAGE 模式的參與者

Message (ProductDispensedEvent)

❑ 對 Sender 發給 Receiver 的訊息進行封裝。

Sender (Dispenser)

❑ 維護對 Receiver 物件的參考。

❑ 實作一個或多個涉及將訊息發送到接收者的方法。

AbstractReceiver (ProductDispensedHandler)

❑ 定義用來接收 Message 物件的介面。

Receiver (CoinChanger)

❑ 實作一個或多個 AbstractReceiver 介面。

6. TYPED MESSAGE 模式的合作方式

❑ Sender 建立 Message 的實例，並將它傳遞給相對應的 Receiver。

❑ Message 是被動的，它不會發起「它與 Sender 或 Receiver 之間的通訊」。

7. TYPED MESSAGE 模式的效果

1. 訊息的傳遞能以一種型別安全的方式進行，而且是可擴展的，無需進行向下轉型或使用 switch 語句……

2. 當和 OBSERVER 結合使用時，可以支援隱式呼叫……

3. 如果程式語言不支援多重（介面）繼承，那麼將難以運用本模式……

4. 可能會導致非常複雜的繼承圖……

8. TYPED MESSAGE 模式的實作

1. Message 類別和 AbstractReceiver 介面之間無需存在一一對應關係……

2. 將 Message 和 Sender 合併在一起會提高可擴展性，但會增加分辨訊息發送者的難度……

3. 在弱型別語言或不支援多重繼承的語言中實作 TYPED MESSAGE……

4. 將 TYPED MESSAGE 和 OBSERVER 結合起來使用……

5. 在為各種 Message 定義一個公共基底類別時，應該採取的折衷……

9. TYPED MESSAGE 模式的範例程式

直接照搬動機部分的自動販賣機範例程式。包括不同的實作方法，例如先前介紹的把 Sender-Message 合併在一起的設計，以及用組合來代替多重繼承的實作方法。

10. TYPED MESSAGE 模式的已知案例

Erich 在前面已經提到過，Jave 的 JDK 1.1 [Java97]在它的「基於委託的事件模型」（delegation-based event model）中結合使用了 TYPED MESSAGE 和 OBSERVER。我至少在 IBM 研究院的一個專案中使用過該模式，但相關工作尚未公開。如果讀者知道其他的已知案例，歡迎和大家分享。

11. TYPED MESSAGE 模式的相關模式

它當然和 OBSERVER 有關，但讀者讀到這一段的時候，這點應該已經非常明顯了。

人們可能會將 TYPED MESSAGE 錯當成 Command(參見 COMMAND [GoF95])。再重申一遍，兩者的區別在於它們的目的。一個 Command 封裝的是一個方法，而一個 TYPED MESSAGE 封裝的則是狀態。一個是主動的，另一個是被動的。TYPED MESSAGE 還強調能夠保證型別安全的擴展性，而 COMMAND 不具備這一點。

TYPED MESSAGE 可能看起來與另一個經常和 COMMAND 一起使用的模式更加接近，那就是 MEMENTO 模式。但 MEMENTO 的目的與 TYPED MESSAGE 的目的恰好相反：Memento 必須避免將訊息傳遞給其他物件。它封裝的訊息只供它的 Originator 使用。

※　　※　　加入 Template　　※　　※

湊巧的是，當我們最終選擇 TYPED MESSAGE 這個名稱時，Paul Pelletier 正在（不知不覺地）將 Cope 奇特的遞迴模板模式（Curiously Recurring Template Pattern）[Coplien95]運用於 MULTICAST，並（不知不覺地）試驗成功了一種方法，該方法可以很有效地實作我們的新模式。

> 在讀了你基於 MULTICAST 的設計之後，我想：也許我能寫一個漂亮的模板，來進一步簡化新事件的建立……經過一番試驗之後，我寫出了下面的程式碼。它將我們正在建立的衍生類別當作模式參數，我不太清楚這樣使用模板是否正確。

```
class CoinInsertedEvent : public TEvent<CoinInsertedEvent>
```

> 我從來沒見過以這樣的方式來使用模板，但現在我發現這可能是一種有用的作法，以便在編譯時期進行型別檢驗。模板的這種用法有沒有一個特殊的名稱？

> 使用模板的另一個好處在於，它會將 Handler 介面作為 TEvent 類別的一部分予以自動產生，這進一步簡化了增加新事件所需要做的工作。

```
#include <iostream.h>
#include <stdio.h>
#include <list>

using namespace std;

template <class T> class TEvent {
public:
    class Handler {
```

```
    public:
        Handler() { TEvent<T>::register(this); }
        virtual int handleEvent(const T& t) = 0;
    };

    typedef list<Handler*> HandlerList;
    static void register (Handler* aHandler) {
        registry.push_back(aHandler);
    }

    static void notify (TEvent<T>* t) {
        HandlerList::iterator i;
        for (i = registry.begin(); i != registry.end(); i++) {
            (*i)->handleEvent(*(T*) t);
        }
    }

    void Notify () { T::notify(this); }

private:
    static HandlerList registry;
};

class CoinInsertedEvent : public TEvent<CoinInsertedEvent> { };
class CoinReleaseEvent : public TEvent<CoinReleaseEvent> { };

class ProductDispensedEvent :
    public TEvent<ProductDispensedEvent> { };

class CoinChanger :
    public CoinReleaseEvent::Handler,
    public ProductDispensedEvent::Handler {
public:
    int handleEvent (const ProductDispensedEvent& event) {
        cout << "Changer::Coin dispensed." << endl;
        return 0;
    }
    int handleEvent (const CoinReleaseEvent& event) {
        cout << "Changer::Coin released." << endl;
        return 0;
    }
};

TEvent<CoinInsertedEvent>::HandlerList
```

```
        TEvent<CoinInsertedEvent>::registry;
TEvent<CoinReleaseEvent>::HandlerList
        TEvent<CoinReleaseEvent>::registry;
TEvent<ProductDispensedEvent>::HandlerList
        TEvent<ProductDispensedEvent>::registry;

int main (int, char**) {
        CoinReleaseEvent coinReleaseEvent;
        CoinChanger coinChanger;
        ProductDispensedEvent productDispensedEvent;

        coinReleaseEvent.notify();
        productDispensedEvent.notify();
}
```

注意，TYPED MESSAGE 構成了上述實作中除了註冊和通知機制以外的所有部分。（嗯，我們在實作和範例程式部分又有更多題材可用了。幹得好，Paul！）

第 5 章

有效率的模式編寫者
的 7 個習慣

如果讀者認為要將物件導向開發做好很難，那麼不妨嘗試一下模式開發！愛好數學的我，喜歡將它想像成是對物件導向設計的「積分」：它是對一段時間內無數細小經驗的累積。但是，和我在微積分課程中所學的相比，模式開發似乎要難得多。積分之間是不會相互影響的，我們可以單獨求解它們（雖然知道如何求解一個積分通常會對求解其他積分有一定的幫助）。模式恰巧相反，它們無法與外界隔絕。因為一個模式只為某一個問題類型提供了解決方案，所以它必須和其他模式配合使用。正是由於這個原因，模式編寫者必須思考的不只是一個模式，而是多個模式，甚至一些還沒有編寫出來的模式，而這只是模式開發過程中面臨的諸多挑戰中的一個。如果你有志成為一名模式編寫者，那麼你需要尋求盡可能多的幫助。

在編寫《設計模式》時，我們當然學到了許多關於模式開發的經驗。而且我們仍然在學習，這一點在你閱讀上一章時，也許已經有所體會。在最後一章中，我會嘗試將我們的經驗歸納為 7 個習慣，這 7 個習慣是在我們多年編寫模式的過程中養成的，而且多半是無意識養成的。只要你認真培養並遵循這些習慣，必將對於增加自己的模式編寫能力大有助益，而且我相信你增加能力的速度也會遠遠超過我們。

5.1 習慣 1：經常反思

對於編寫模式來說，最重要的只有一件事，**反思**。Bruce Anderson 是最早對我們的工作產生影響的人之一，早在幾年前他就提出了這一點。定期反思一下自己做了些什麼。想一想自己建構的系統，自己面臨的問題，以及自己是如何解決（或無法解決）它們的。

在軟體開發週期變得越來越短的今天，任何分散注意力的行為都是完全不可取的，但反思非常重要。再也沒有什麼能夠比不假思索地實作功能，更容易將開發人員導向墨守成規、缺乏創新的窠臼了。開發人員也許可以寫出大量能用的程式碼，但如果用程式碼的產出量來衡量開發人員的工作效率，那實在是一項很糟糕的標準。一個好的設計則恰恰相反——它簡潔而優雅。它無需大量的程式碼就可以做許多事。正如 Kent Beck 喜歡說的那樣，無論什麼東西，它都「只需要實作一次」，而且它還很靈活，這是臃腫的程式碼通常不具備的。

如今，期望開發人員每年抽出一個月的時間來專心思考，可能是不切實際的，但你**能夠**做的是，將**累積**的經驗逐漸記錄下來。當你要解決一個頗有難度的問題時，試著立刻把它記下來。記下對問題的描述以及它為什麼有難度，然後開始解決問題。每嘗試一種新方法，就將其記錄下來。如果新方法失敗了，把結果和失敗的原因也記錄下來。如果新方法成功了，也同樣做好記錄。只要加以訓練，幾乎每個人都可以花 5%的工作時間來記錄所得到的經驗。

如果你能夠嚴格執行，那麼一定會對自己累積的寫作經驗感到驚訝。這些都可以是模式的初始內容，當然，你還有許多事情要做，但你已經發現了非常重要的智慧金礦，從中就可以提煉出智慧的寶藏。

另一件重要的事與此類似，那就是盡可能多看一些系統，由其他人設計的系統。從其他系統學習的最佳途徑就是用它們來建構軟體。如果出於時間或財力上的因素，做不到這一點，那麼至少要閱讀與它們相關的文章或書籍。試著去理解它們要解決的問題、以及它們是如何解決問題的，還有研究規格說明書和文件、閱讀研究系統的論文、翻閱 *OOPSLA* 和 *ECOOP* 學報。另一個很不錯又與設計和實作有關的資訊來源是《*Software —— Practice & Experience*》。

在分析一個系統時，搜集一切你能從中得到的東西。試著去辨認那些你已經知道的模式。仔細考察我們發現的解決方案，和已經公佈的模式之間有什麼不同。時刻注意尋找新穎的設計方案，這些設計可能代表了新的模式。但要記住，全新的設計方案相當少。更常見的情況是，人們使用的是已知解決方案的變體。如果一個新的解決方案很獨特，那麼應用它的時機可能不夠廣泛，不足以轉換成模式。

如果確實發現一些看似新的東西，那麼在嘗試將它編寫成一個模式之前，一定要確保它同樣適用於其他的場合。GoF 在撰寫《設計模式》的過程中，有一條不能違背的原則：在將一個問題及其解決方案編寫成一個模式之前，必須找到兩個現成的例子。對我們來說，這是一條非常重要的準則，因為我們在探索一個陌生的領域，我們想要確保自己寫出來的模式在現實中是站得住腳的，我們不希望得出一些解決方案來解決一些沒有人需要解決的問題。許多模式看起來相當誘人而且可能會有用，但卻沒有實際的用途，這些模式最終都被我們丟棄了。

5.2　習慣 2：堅持使用同一套結構

一旦有了初始內容，如何用模式的形式將它們寫出來？

首先，不要認為模式的形式只有**一種**。沒有任何一種形式能夠適用於每一個人。有些人喜歡敘述性的風格，例如 Alexander 的風格，另外一些人喜歡《設計模式》中所採用，粒度更細的方法。還有一些人採用完全不同的結構。而這些結構唯一共通的屬性就是——它們都是**結構**。

如果有一句流行語能夠博得大多數人的認可，那就是 Alexandrian 為模式下的定義：模式是「在一種場合下對某個問題的一個解決方案」。現在我厚著臉皮將這個定義修改一下：模式是在某種場合下，對某個問題的一個解決方案的**一種結構化展現**。為了便於模式的運用以及對模式進行比較，所有的模式都有一些容易辨別的部分，包括名稱、對問題的描述、解決方案所適用的場合和理由，以及解決方案本身。這實質上就是 Alexander 的模式結構。我們的模式把這些

基本元素進一步分解為粒度更小的部分，例如時機、參與者和效果等。PLoP 大會的會刊就囊括許多不同的形式，其多樣化的程度讓人驚訝。

因此，把模式寫到紙上的第一步，就是確定它的結構。模式的平均訊息量越大，結構的重要性就越高。一致的結構可以增加模式的一致性，讓人們更容易對模式進行比較。結構還有助於人們搜索訊息。結構越簡單就越單調，如果只是讓人隨便看看，可能不成問題，但如果還想讓它發揮比較和參考的作用，就無法接受了。

一旦確定結構，就要確保始終如一地遵循它。你不必畏懼對結構進行修改，但你會不得不修改每個模式的結構，而且隨著模式變得越來越完善，這樣做的代價也會越來越高。

5.3　習慣 3：儘早且頻繁地涉及具體問題

在我們的模式中，最開始是動機部分。這是因為在介紹概念時，先用具體的術語再用較為抽象的術語，似乎更容易讓人理解。動機部分提供的具體例子，可以讓讀者瞭解問題及其解決方案的概況。動機部分還用具體的術語介紹，為什麼其他方法無法解決該問題。用動機部分作為開場白，可以讓讀者更容易得知解決方案的通用性。

由於要涉及具體問題，自然就需要現實世界中的大量例子。例子不應該只是動機部分的專利。從頭到尾，都應該用例子和反例來解釋一些關鍵點。即便是我們的模式中最抽象的部分（例如時機、結構、參與者和合作方式）也會不時包括一些例子。例如，一些模式的合作方式包含了一些互動圖（interaction diagram），用來表示在執行時物件之間如何溝通。從抽象的角度討論模式時，也可以參考這樣的例子，即便在討論抽象概念時也要涉及具體問題。

另一個相對要做到的是「說明一切真相」。這意味著你必須就模式可能存在的隱憂，來警告讀者。長篇大論地討論模式好的那一面再容易不過了，但認識到它的不足並坦誠加以討論並不容易。任何模式都有不足之處，也許是額外的時

間花費，也許是在某個特定的情況下會引起錯誤的行為等等。一定要讓讀者理解，一個模式在什麼情況下會出現問題。

5.4 習慣 4：保持模式間的區別和互補性

在開發多個模式時，有一個容易發生的弊病需要避免。當你在編寫一個模式時，它涉及的細節會越來越多，它涵蓋的範圍會越來越大。這個時候，會很容易忘記其他模式，進而導致模式之間的區別變得模糊，使得其他人難以從整體上理解這些模式。因為各個模式涵蓋的範圍重疊，各自的目的也有重合的部分。而這些對於作者本人來說可能是非常清晰的，但對新手來說卻未必如此。他們不知道什麼時候應該使用這個模式，而不應該使用另一個，因為模式之間的區別並不明顯。

因此，一定要確保各個模式是正交的，而且它們可以協同使用。不斷地捫心自問：「模式 X 和模式 Y 之間的區別是什麼？」如果兩個模式解決的問題是相同的或具有相似性，那麼也許能把它們合併在一起。如果兩個模式使用了相似的類別層次結構，那麼不必擔心。物件導向程式設計提供的機制本來就不多，所以它們的用法也相對有限。同樣的類別層次，經常會產生截然不同的物件結構，它們能夠解決的問題也不勝枚舉。模式之間的區別應該由它們的目的來決定，而不是由實作模式的類別層次結構來決定。

測試模式正交性和協同性的一個好辦法是，保留一個單獨的文件來對它們進行比較和對照。在《設計模式》一書中，我們為此專門做了一些討論。我們試圖透過書面形式來解釋模式之間的關係，這個簡單的舉動讓我們對自己的模式產生了新的見解。它不止一次迫使我們，重新考慮其中的一些模式。

我唯一的遺憾是，我們沒有提早對模式之間的關係進行集中討論。我建議讀者儘可能把此類補充內容寫好，而且越早越好。做這件事看來似乎不明智，特別是當你還沒有許多模式可以比較時。可是一旦你有了哪怕只是兩個模式，重疊的可能性就已經出現了。趁早花時間對它們進行比較和對照，有助於保持模式間的區別和互補性。

5.5　習慣 5：有效地呈現

模式的品質取決於呈現的好壞。雖然你可以發現世界上最好的模式，但除非你能用一種有效的方式來呈現，否則它對別人將沒有任何用處。

我所說的「呈現」有兩個意思：排版和寫作風格。頁面佈局的技術、版面、圖形以及印表機的品質直接影響到排版的好壞。盡可能使用最好的軟體工具（文字編輯器、繪圖編輯器等）。多使用插圖來解釋關鍵點。你也許認為不需要任何插圖，但很可能你還是會用得到。至少它們可以避免單調乏味，而在最好的情況下，它們可以將那些語言無法解釋清楚的問題解釋清楚。並不是所有的插圖都必須是正式的類別圖和物件圖。在許多情況下，非正式的插圖甚至是草圖也能夠傳達同樣多的訊息，甚至是更多的訊息。如果自己不擅長畫圖，那麼可以請別人代勞。

與好的排版相比，好的寫作風格就更加重要了。以清晰直白的方式寫作，最好是使用貼近實際的風格，避免枯燥乏味的學究風格。通俗的語氣比較容易讓人理解和接受，進而使人更快地接納新內容。清晰性和易讀性對於大多數寫作來說都非常重要，對模式寫作來說尤其重要。模式的概念還比較新，如果談論的內容又比較複雜的話，那麼有些人將完全無法領會其中的要點。因此要盡可能讓模式變得更容易理解。

要學習如何以通俗的語氣來寫作，最好的方法莫過於親筆嘗試。無論寫什麼，要保證你能將想寫的東西，原原本本地傳達給你的朋友。要避免使用被動語態，要將長句和長段拆開。要使用日常的詞彙，不要害怕使用縮寫字。最重要的是要感覺自然。

另一件每個人都應該抽點時間做的事情是，讀一兩本關於寫作風格的書。有許多書可供選擇。我最喜歡的三本是 Strunk 和 White 的《*The Elements of Style*》[SW79]（該書的組織方式與一系列的模式有相似之處）、Joseph M. Williams 的《*Style: Ten Lessons in Clarity and Grace*》[Williams85]，以及 John R. Trimble 的《*Writing with Style: Conversations on the Art of Writing*》[Trimble75]。此類

書中給出了許多提示和技巧，告訴你怎樣才能寫得好、寫得清晰。它們可以幫助你在不修改技術內容的前提下，將你的模式組織得更好。

5.6　習慣 6：不懈地重複

第一次編寫模式就沒有錯誤是不可能的，甚至前 10 次編寫模式不出現錯誤都是不可能的。事實上，完全不出現錯誤可能是永遠都做不到的。模式寫作是一個持續的過程。由於模式是一個新的領域，因此情況更糟糕。但即使模式不是一個新的領域，即使已經有大量好模式的例子和書籍可以幫助你編寫模式、模式開發（和任何其他類型的開發一樣）仍然會是一個循環往復的過程。

你需要一遍又一遍地編寫和重寫你的模式，要對此做好心理準備。不必追求必須等前一個模式到達完美狀態後，才開始編寫下一個模式。記住，模式不是孤立的，它們之間會相互影響。對一個模式所做的顯著修改很可能會影響到其他模式。就像任何一個循環往復的過程一樣，在某一時刻你的模式會趨於穩定，這個時候你應該把自己努力的成果彙集起來，供他人閱讀、理解並發表評論，但它並不代表模式開發的終點。

5.7　習慣 7：收集並吸收迴響

Cervantes 說得對：「想知道布丁好不好吃，只有親口嚐一嚐。」實際使用模式是對它的一個嚴峻考驗。事實上，我們不應該相信任何一個模式，除非除了它的作者之外，還有其他人也使用了該模式。模式有一個隱藏的特性，那就是對於那些熟悉相關問題和解決方案的人來說，它們是完全可以理解的。因為這些人先前曾經無意識地使用過該模式了，所以，即使組織和表達得還不是很好，他們看到它也能夠立刻認出來。真正的挑戰在於，如何讓那些以前從來沒有遇到過相關問題的人能夠理解該模式。除了從這些人那裡獲得迴響並加以吸收之外，別無他法。

鼓勵你的同事在討論設計時參考你的模式，並在需要時參與討論。尋求機會，將你的模式運用到日常工作中。盡可能地推廣你的模式，甚至可以將它們提交

給 PLoP 之類的會議或《*C++ Report*》、《*Smalltalk Report*》和《*Journal of Object-Oriented Programming*》之類的書刊。這類的曝光可以獲得大量良好的迴響。

一旦迴響開始蜂擁而至，要做好聆聽最差評價的準備。我曾經驚訝地發現有些東西對我來說完全可以理解，但對別人來說卻完全不是那麼回事，這樣的事情我已經記不清發生過多少次。負面迴響可能會讓人感到喪氣，特別是在一開始你還極無自信的時候，但這也往往是你最有可能收到負面迴響的時候。即便有些批評可能不一定正確，或者可能是由於誤解導致的，但大多數很可能是合乎情理的。要讓評論者嚐到質疑的甜頭，並使出渾身解數讓他們滿意。最終，從長遠來看，你可能會讓更多更多的人滿意。

5.8　沒有銀彈[1]

養成這些習慣並不能保證你就能成為一名成功的模式編寫者，這一點你應該很清楚。雖然這裡列出的幾條不夠詳盡（在這方面 Meszaros 和 Doble 走得更遠 [MD98]），但起碼它們可以幫助你更集中精力。你編寫的模式越好，它們產生的影響就越大。

並不是說每個人都應該抽空來編寫模式。模式寫作需要投入大量的時間和精力，而且不是每個人都認為這樣做很值得。但我鼓勵每個人都去嘗試編寫一兩個模式，因為除此之外沒有別的辦法能讓你知道自己是否擅長編寫模式。然而，隨著時間的流逝，我相信模式使用者的數量將會遠遠超過模式編寫者，就好像程式語言使用者的數量（謝天謝地）遠遠超過程式語言的創造者那樣。

---

[1]　[審校注] 銀彈（silver bullet）並非指金錢，而是指快速有效的方法。

參考文獻

[AIS+77] Alexander, C., S. Ishikawa, M. Silverstein, et al. *A Pattern Language*. Oxford University Press, New York, 1977.

[ASC96] Accredited Standards Committee. Working paper for draft proposed international standard for information systems—programming language C++. Doc. No. X3J16/96-0225, WG21/N1043, December 2, 1996.

[Betz97] Betz, M. E-mail communication, May 27, 1997.

[Burchal195] Burchall, L. E-mail communication, June 21, 1995.

[BCC+96] Beck, K., J.O. Coplien, R. Crocker, et al. Industrial experience with design patterns. *Proceedings of the 18th International Conference on Software Engineering* (pp. 103-114), Berlin, Germany, March 1996.

[BFY+96] Budinsky, E, M. Finnie, P. Yu, et al. Automatic code generation from design patterns. IBM *Systems Journal*, 35(2):151-171, 1996.

[BMR+96] Buschmann, F., R. Meunier, H. Rohnert, et al. *Pattern-Oriented Software Architecture—A System of Patterns*. Wiley and Sons Ltd., Chichester, England, 1996.

[Coplien92] Coplien, J. *Advanced C++ Programming Styles and Idioms*. AddisonWesley, Reading, MA, 1992.

[Coplien95] Coplien, J. Curiously recurring template patterns. *C++ Report*, 7(2):40--43, 1995.

[Coplien96] Coplien, J. *Software Patterns*. SIGS Books, New York, 1996.

[CS95] Coplien, J. and D. Schmidt (Eds.). *Pattern Languages of Program Design*. Addison-Wesley, Reading, MA, 1995.

[CZ96] Clark, C. and B. Zino. E-mail communication, October 28, 1996.

[Forté97] Fort6 Software, Inc. *Customizing Forté Express Applications*, Oakland, CA, 1997.

[Fowler97] Fowler, M. *Analysis Patterns: Reusable Object Models*. AddisonWesley, Reading, MA, 1997.

[Gabriel95] Gabriel, R. E-mail communication, April 14, 1995.

[Gamma91] Gamma, E. *Object-Oriented Software Development Based on ET++: Design Patterns, Class Library, Tools* (in German). PhD thesis, University of Zurich, Institut für Informatik, 1991.

[Gamma95] Gamma, E. E-mail communication, March 8, 1995.

[GoF95] Gamma, E., R. Helm, R. Johnson, et al. *Design Patterns: Elements of Reusable Object-Oriented Software*. Addison-Wesley, Reading, MA, 1995.

[Hay96] Hay, D. *Data Model Patterns: Conventions of Thought*. Dorset House, New York, 1996.

[Henney96] Henney, K. E-mail communication, September 15, 1996.

[HJE95] Hfini, H., R. Johnson, and R. Engel. A framework for network pro tocol software. *OOPSLA ' 95 Conference Proceedings* (published as ACM SIGPLAN Notices), 30(10):358-369, 1995.

[Java97] JavaSoft, Inc. *Java Development Kit Version 1.1*, Mountain View, CA, 1997.

[Kotula96] Kotula, J. Discovering patterns: An industry report. *Software —Practice & Experience,* 26(11):1261-1276, 1996.

[KP88] Krasner, G. and S. Pope. A cookbook for using the Model-View-Controller user interface paradigm in Smalltalk-80. *Journal of Object-Oriented Programming*, 1(3):26-49, 1988.

[LVC89] Linton, M., J. Vlissides, and P. Calder. Composing user interfaces with InterViews. *Computer*, 22(2):8-22, 1989.

[Martin97] Martin, R. E-mail communication, July 24, 1997.

[McCosker97] McCosker, M. E-mail communication, March 4, 1997.

[Meyers95] Meyers, S. E-mail communication, January 31, 1995.

[MD98] Meszaros, G. and J. Doble. A pattern language for pattern writing. In [MRB98].

[MRB98] Martin, R., D. Riehle, and F. Buschmann (Eds.). *Pattern Languages of Program Design 3*. Addison-Wesley, Reading, MA, 1998.

[Pelletier97] Pelletier, P. E-mail communication, June 22, 1997.

[Peierls96] Peierls, T. E-mail communication, February 16, 1996.

[Prechelt97] Prechelt, L. An experiment on the usefulness of design patterns: Detailed description and evaluation. Technical Report 9 / 1997, University of Karlsruhe, Germany, June 1997.

[PUS97] Prechelt, L., B. Unger, and D.C. Schmidt. Replication of the first controlled experiment on the usefulness of design patterns: Detailed description and evaluation. Technical Report WUCS-97-34, Washington University, Department of Computer Science, St. Louis, December 1997.

[PD96] patterns-discussion@cs.uiuc.edu, December 12, 1996.

[Schmid95] Schmid, H. Creating the architecture of a manufacturing framework by design patterns. *OOPSLA '95 Conference Proceedings* (published as ACM *SIGPLAN Notices*), 30(10):370-384, 1995.

[Schmidt96a] Schmidt, D. E-mail communication, January 2, 1996.

[Schmidt96b] Schmidt, D. E-mail communication, January 9, 1996.

[Schmidt96c] Schmidt, D. E-mail communication, February 7, 1996.

[Schmidt96d] Schmidt, D. E-mail communication, February 8, 1996.

[Siegel96] Siegel, J. *CORBA Fundamentals and Programming*. Wiley, New York, 1996.

[SH98] Schmidt, D. and T. Harrison. Double-checked locking. In [MRB98].

[SV97] Schmidt, D. and S. Vinoski. The OMG event object service. C++ Report, 9(2):37-46, 52, 1997.

[SW79] Strunk, W. and E.B. White. *The Elements of Style* (3rd ed.). Macmillan, New York, 1979.

[Trimble75] Trimble, J. *Writing with Style: Conversations on the Art of Writing.* Prentice-Hall, Engle- wood Cliffs, NJ, 1975.

[VanCamp96] Van Camp, D. E-mail communication, September 23, 1996.

[Vlissides96] Vlissides, J. Generation gap. *C++ Report*, 8(10):12-18, 1996.

[VCK96] Vlissides, J., J. Coplien, and N. Kerth (Eds.). *Pattern Languages of Program Design 2.* Addison-Wesley, Reading, MA, 1996.

[VT91] Vlissides, J. and S. Tang. A Unidraw-based user interface builder. *Proceedings of the ACM SIGGRAPH Fourth Annual Symposium on User Interface Software and Technology* (pp. 201-210), Hilton Head, SC, November 1991.

[Wendland97] Wendland, G. E-mail communication, January 10, 1997.

[Williams85] Williams, J. *Style: Ten Lessons in Clarity and Grace* (2nd ed.). Scott, Foresman and Co., Glenview, IL, 1985.